Photoshop 实用案例教程

主　编　于丽娜　耿　琳　路　瑜

副主编　李招康　陈　彦　张志清

参　编　姚宇龙　田　芳　李　卿

北京理工大学出版社

BEIJING INSTITUTE OF TECHNOLOGY PRESS

内 容 简 介

本书以循序渐进的方式讲解案例，涉及软件的全部功能，并通过实战的形式深度揭秘图像合成、人像抠图、调色等专业技术，涵盖平面广告、UI 设计、网店装修、摄影后期等领域。本书语言通俗易懂，配以大量的图示。

本书讲解了 Photoshop 全部功能的使用方法，通过实例展示了 Photoshop 在照片处理、平面广告、VI、UI、APP、网店装修、包装、插画、动漫、动画、3D 等设计领域的应用。书中根据初学者的学习特点，安排了练习、疑问解答、课后测验等学习项目，以及原理分析、实战技巧等中、高级进阶技能。每一个项目的关键内容，都将重要的知识点提炼出来；贯穿于全书的案例分解，更是在各个知识点之间搭建起了连接的桥梁。

本书的最大特点是功能完备、学习项目丰富、练习精彩，将软件学习与动手操作结合起来，提供了学后即用的实践环境。

图书在版编目(CIP)数据

Photoshop 实用案例教程 / 于丽娜，耿琳，路瑜主编. -- 北京：北京理工大学出版社，2024.1

ISBN 978-7-5763-3357-2

Ⅰ. ①P… Ⅱ. ①于… ②耿… ③路… Ⅲ. ①图像处理软件-教材 Ⅳ. ①TP391.413

中国国家版本馆 CIP 数据核字(2024)第 031884 号

责任编辑：王玲玲　　**文案编辑**：王玲玲
责任校对：刘亚男　　**责任印制**：施胜娟

出版发行 / 北京理工大学出版社有限责任公司
社　　址 / 北京市丰台区四合庄路 6 号
邮　　编 / 100070
电　　话 / (010) 68914026（教材售后服务热线）
(010) 68944437（课件资源服务热线）
网　　址 / http://www.bitpress.com.cn

版 印 次 / 2024 年 1 月第 1 版第 1 次印刷
印　　刷 / 涿州市新华印刷有限公司
开　　本 / 787 mm×1092 mm　1/16
印　　张 / 9.75
字　　数 / 195 千字
定　　价 / 53.00 元

图书出现印装质量问题，请拨打售后服务热线，负责调换

前言

Photoshop是Adobe旗下的图像处理软件，提供了专业的图像编辑、制作、处理功能，其具有易用性、实用性，从而受到图形设计人员、专业出版等人员的青睐。Photoshop软件通过更直观的用户体验、更大的编辑自由，大幅提高了工作效率，其广泛应用于广告设计、摄影、美工等领域。Photoshop是一个功能庞大的软件程序，操作方法灵活多样，很多任务可以通过不同的方法完成，本书中介绍了在项目工作中便捷的一种方法。书中还将散落在Photoshop各处的功能整合起来，进行合理的配置，以项目任务来划分并展开深层次的讲解。

图层、蒙版、通道、抠图是Photoshop中最为重要的几个核心功能。图层承载图像和非破坏性编辑功能，搭建起了Photoshop的基础架构。蒙版遮盖但不破坏图层内容，在图像合成、调色、滤镜等领域有着各种各样的用途。通道是初级用户最少接触的Photoshop功能，然而，图像发生任何细微的改变，无论是色彩还是图像内容，都会在通道中留下痕迹。学好通道，才能在图像处理和色彩调整方面获得突破性的进展。在抠图上，通道也有着其他功能无法比拟的优势。而与抠图相关的方法又几乎可以调动所有Photoshop重要工具，需要具备整合、协调各个工具的能力才能做好。由此可见，核心功能既有独立性，也互相关联，读者更应该按照一定的顺序渐次攻克。

本书以理论为指导，以案例讲解为主线，重点强调实用性，注重操作，每一个案例与应用相结合，不仅使读者在案例学习中学会操作，同时，引发设计理念及创意技巧思考。

编　者

目录

项目一

Photoshop软件入门

概述

Photoshop 是 Adobe 公司旗下最为出名的图像处理软件之一，是集图像扫描、编辑修改、图像制作、广告创意、图像输入与输出于一体的图形图像处理软件，深受广大平面设计人员和电脑美术爱好者的喜爱。多数人对 Photoshop 的了解仅限于“一个很好的图像编辑软件”，并不知道软件的诸多应用，实际上，Photoshop 的应用领域很广泛，在图像、图形、文字、视频、出版各方面都有涉及。

【项目重点】

- 熟知 Photoshop 的界面。
- 矢量图片和位图的区别、色彩模式和图像大小。

【素养目标】

- 了解 Photoshop CC 2019 界面。
- 掌握尺寸界面的选择。
- 培养信息获取能力。
- 提升平面设计信息素养。
- 在设计中不得违背法律法规等问题。

任务一 熟悉软件

项目名称	任务内容
任务讨论	本任务主要讲解 Photoshop 的基础知识，重点讲解 Photoshop CC 2019 的界面、界面的基本操作、首选项设置、矢量图片和位图的区别等。
知识链接	Photoshop 软件介绍。 界面介绍。 工作区介绍。 色彩模式选择。 图像大小的设置。

续表

项目名称	任务内容
任务要求	了解 Photoshop 发展史，认知此软件的应用领域。 熟知 Photoshop CC 2019 操作界面。
任务实现	步骤 1：了解 Photoshop 软件。 步骤 2：熟知知识链接中的内容。 步骤 3：按要求完成任务。
任务总结	通过完成上述任务，你学到了哪些知识和技能？
课后习题	此任务为知识介绍模块，仅需掌握知识链接内容。
课堂笔记	

【知识链接】

一、软件介绍

Photoshop 是由 Adobe Systems 开发和发行的图像处理软件，主要处理以像素构成的数字图像。使用其众多的编修与绘图工具，可以有效地进行图片编辑工作。Photoshop 主要设计师为诺尔兄弟，前身是为 Display 的小程序。Photoshop 的第一个版本是 0. 87，首次发行是与 Banreyscan XP 扫描仪捆绑发行的。1990 年，Photoshop 1. 0 版本发行，它的出现给计算机图像处理行业市场带来了巨大的冲击。Photoshop 2. 0 的代号是 Fast Eddy。Photoshop 2. 0 正式版于1991 年 2 月发行，从此，Adobe 成为行业标准。Photoshop 2. 0 的发行引起了印刷业的重视，并引发桌面印刷革命。此后的每一次改变都产生了一定的影响。Photoshop 发展至今，已经由用于处理灰度图像的简单程序，发展为不可替代的应用，更是发展成为一个动词。不得不说，Photoshop 的出现改变了人们处理图像的方式，同时，也改变了图像的创建方式，而这一切都令人们的生活更加便捷。

平面设计是 Photoshop 应用最为广泛的领域，无论是阅读的图书封面，还是大街上琳琅满目的招贴、海报等，都需要 Photoshop 软件处理。

广告摄影作为一种对视觉要求非常严格的工作，其最终成品往往要经过 Photoshop 的修改才能达到满意的效果，包括老旧照片的修复。

视觉创意是通过 Photoshop 的处理将原本的面貌与设计结合，以达到吸引人的目的。

界面设计受到越来越多的软件企业及开发者的重视，大多设计者使用的都是 Photoshop。

本套教程使用 Photoshop CC 2019 进行操作。

二、Photoshop 界面认识

打开 Photoshop，启动界面如图 1－1 所示。

图 1－1 启动界面

三、界面工作区新建及首选项设置

Photoshop 首选项主要包括 4 个重要参数：性能、暂存盘、单位与标尺。磨刀不误砍柴工，首选项好比磨刀石，要想刀锋利久用，就非常有必要设置好首选项的一些重要参数。

（1）单击“打印”选项，出现如图 1－2 所示界面，可从中选择自己想要的尺寸。

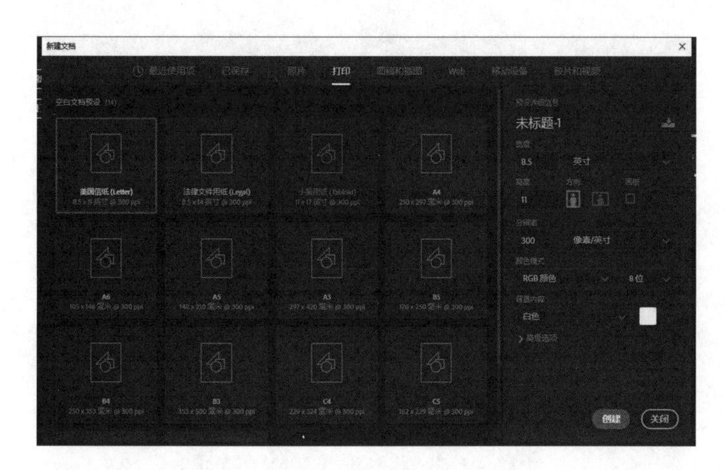

图 1－2 “打印”选项界面

（2）单击“图稿和插图”选项，出现如图 1－3 所示界面。

图 1－3　“图稿和插图”选项界面

（3）单击“Web”选项，出现如图 1－4 所示界面。

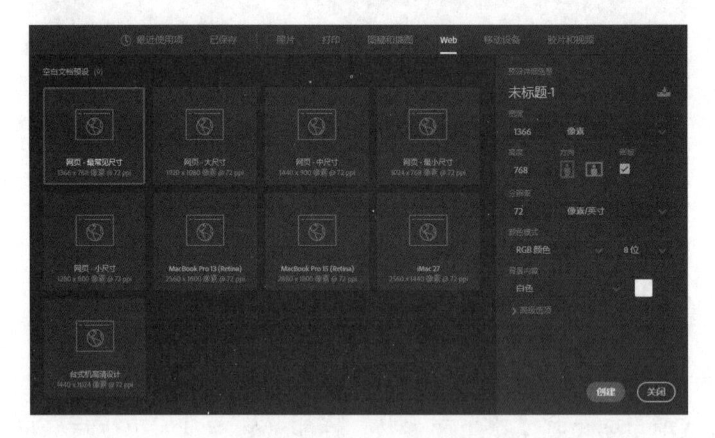

图 1－4　“Web”选项界面

（4）单击“移动设备”选项，出现如图 1－5 所示界面。

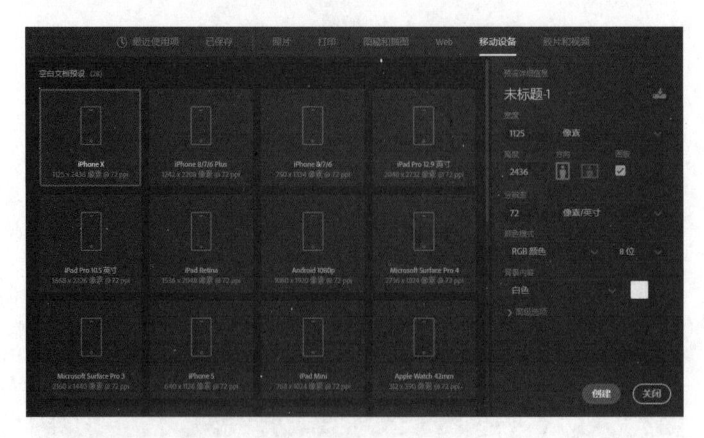

图 1－5　“移动设备”选项界面

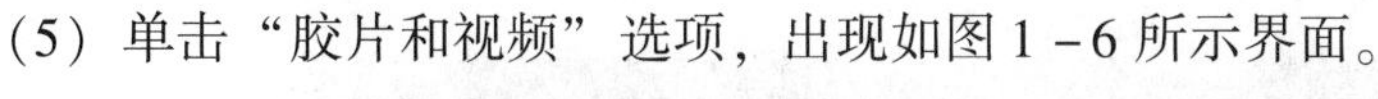

（5）单击“胶片和视频”选项，出现如图 1－6 所示界面。

图 1－6　“胶片和视频”选项界面

从以上不同的界面中可以选择自己想要的尺寸，同时，还可以在界面右侧修改参数。

四、Photoshop 工作区介绍

单击“窗口”，出现“工作区”选项，如图 1－7 所示。可以使用各种元素来创建和处理文档与文件。也可以通过从多个预设工作区中选择或创建自己的工作区来调整 Photoshop，以适合自己的工作方式。

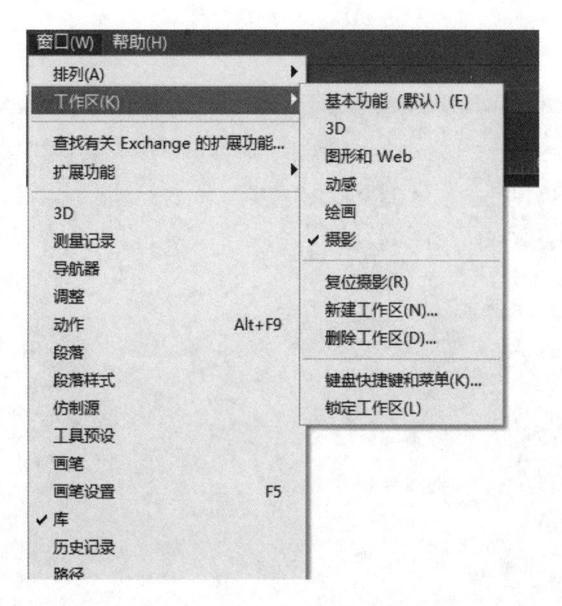

图 1－7　“工作区”选项界面

单击“编辑”→“首选项”，在如图 1－8 所示菜单中，可以修改性能、暂存盘、单位与标尺。首选项的快捷键为 Ctrl＋K，如图 1－9 所示。

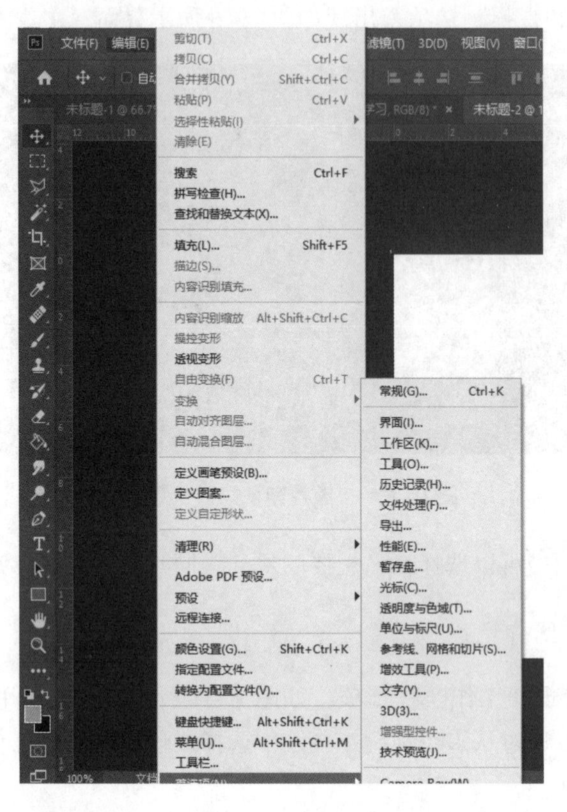

图 1－8 “编辑”菜单

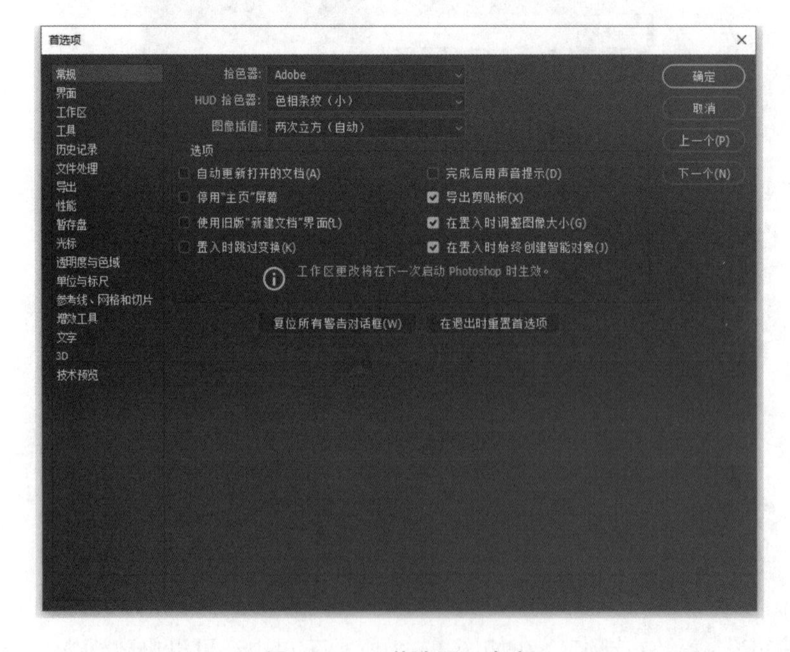

图 1－9 “首选项”内容

五、色彩模式

（1）RGB 色彩模式，如图 1－10 所示。又称“真彩色模式”，是电脑美工设计人员最熟悉的色彩模式。

（2）CMYK 色彩模式，如图 1－11 所示。这是一种印刷模式，其中的 4 个字母分别是指青色（Cyan）、洋红（Magenta）、黄色（Yellow）和黑色（Black），这 4 种颜色通过减色法形成 CMYK 色彩模式。

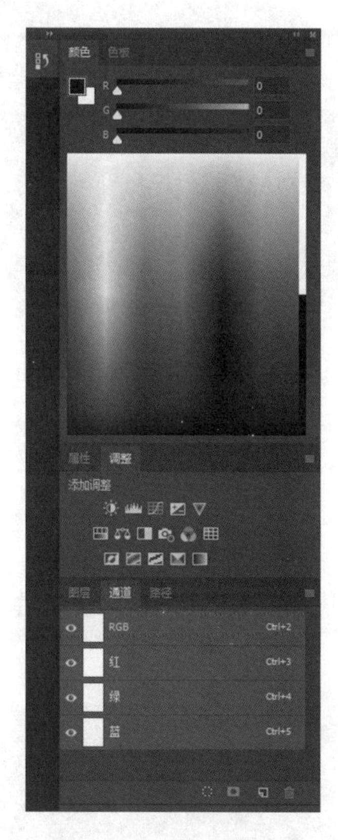

图 1－10　RGB 色彩模式

图 1－11　CMYK 色彩模式

六、Photoshop 图像大小

单击菜单栏“图像”→“图像大小”，如图 1－12 所示，进入“图像大小”界面，可调整参数，如图 1－13 所示。

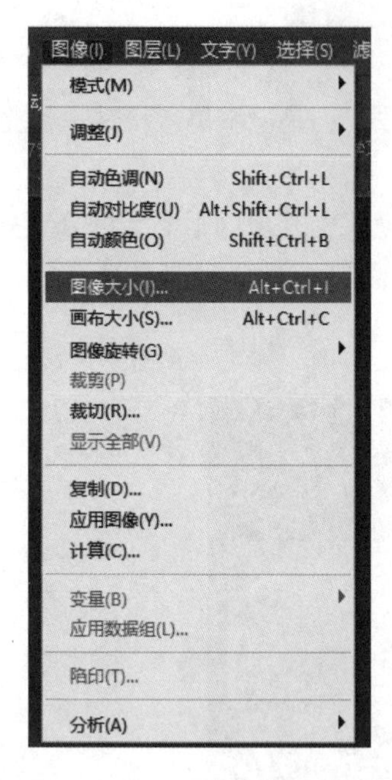

图 1-12 “图像大小”选项

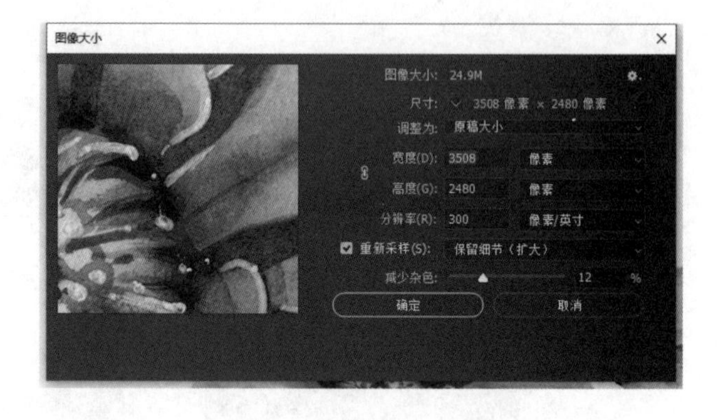

图 1-13 “图像大小”界面

【任务实现】

一、界面操作

启动 Photoshop CC 2019，在 Photoshop 界面中，可根据不同的需求新建不同的文档，如图 1-14 所示。

图 1-14 新建界面

二、新建文档

（1）单击“新建”命令，显示“新建文档”界面，可选择 Web 端、移动设备端等不同的尺寸进行创作。如图 1－15 所示，此处以剪贴板为例，单击“创建”按钮。

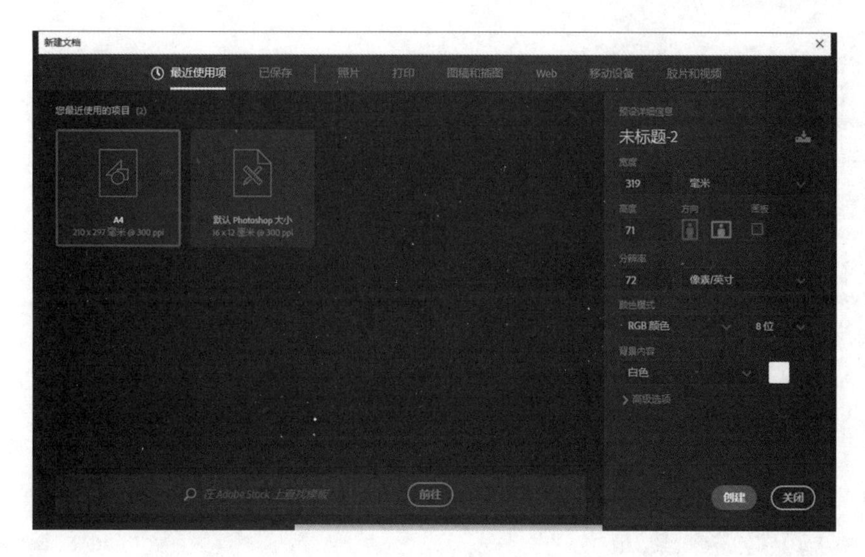

图 1－15 “新建文档”界面

（2）Photoshop 工作界面如图 1－16 所示，由菜单栏、选项栏、选项卡式文档窗、工具栏、状态栏、面板组、工作区组成。

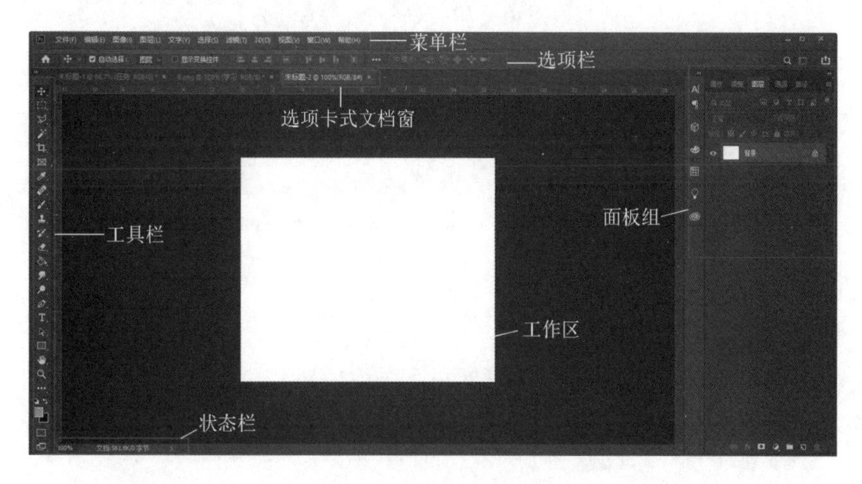

图 1－16 工作界面

三、保存文件

（1）单击菜单栏“文件”命令，在下拉菜单中选择“存储”或“存储为”，如图 1－17 所示。

（2）选择需要保存的位置及需要的保存类型即可，例如 PSD 或 JPG，如图 1－18 所示。

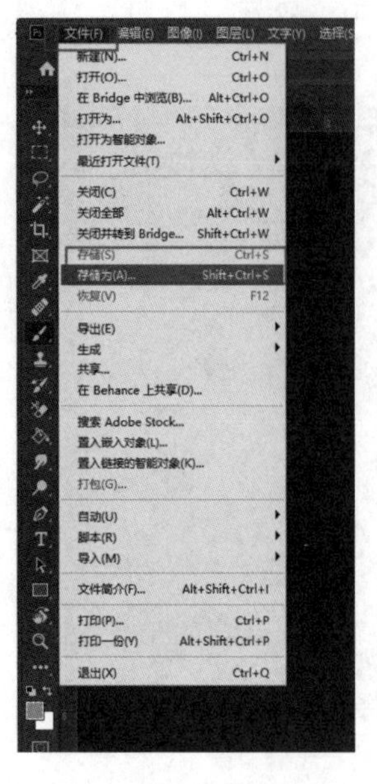

图 1－17　存储位置

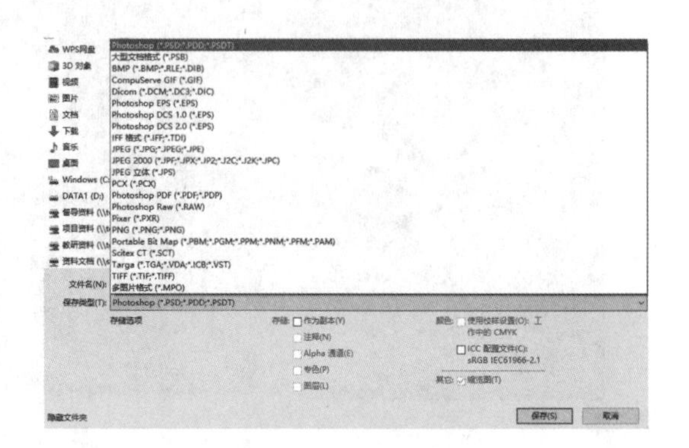

图 1－18　保存类型

任务二　认识工具

项目名称	任务内容
任务讨论	本任务主要讲解界面中的工具。熟知 Photoshop 的界面，掌握工具的名称及应用，了解在使用过程中有哪些好处。
知识链接	基本工具快捷键： 移动工具（V）、矩形选框工具（M）、套索工具（L）、快速选择工具/魔棒工具（W）、橡皮擦工具（E）、油漆桶工具（G）、钢笔工具（P）、文字工具（T）
任务要求	熟练掌握 Photoshop CC 2019 工具栏中各项工具的使用。
任务实现	步骤 1：了解 Photoshop 软件。 步骤 2：对工具栏中的各项工具的使用及调试。

续表

项目名称	任务内容
任务总结	通过完成上述任务，你学到了哪些知识和技能？
课后思考	1. Photoshop 的主要应用领域有哪些？ 2. 常用的色彩模式有哪几种？有何区别？
课堂笔记	

【任务实现】

一、移动工具组

如图 1－19 所示，左侧工具栏中第一个工具为移动工具 。鼠标选中移动工具后长按，会弹出这个工具组的其他工具。移动工具组中包含移动工具和画板工具。

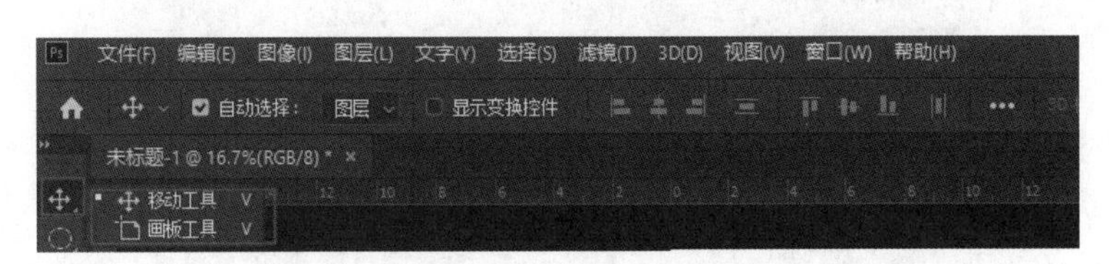

图 1－19　移动工具组

移动工具：可以选中文件、图层，移动文件、移动选区、移动图层。

画板工具：画板工具允许在一个文档里面包含多个画板，如图 1－20 所示。用画板工具直接在画板上拖动，就会自动生成一个画板；单击画板右侧的“＋”，即可添加画板。同时，在菜单栏中可以自定义尺寸，或者套用标准尺寸。每个画板里的内容是相互独立、互不干扰的。

图 1 – 20　多个画板

二、矩形选框工具组

如图 1 – 21 所示，左侧工具栏第二个为矩形选框工具。长按鼠标左键或单击右键，可弹出矩形选框工具组，包含矩形选框工具、椭圆选框工具、单行选框工具、单列选框工具。绘制选区的作用就是对选区范围内的内容进行编辑，如删除、填充颜色、调整颜色等。按 Ctrl + D 组合键取消选区。结合上方菜单栏，如图 1 – 22 所示，可以新建选区、叠加选区、从选区减去、交叉选区结合使用。

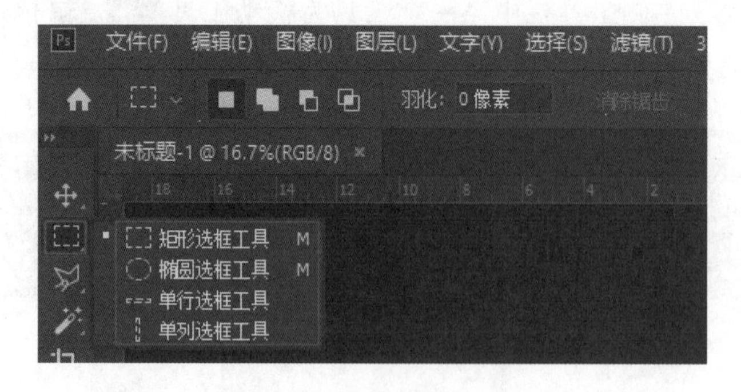

图 1 – 21　矩形选框工具组

使用矩形工具画正方形的方法：选择矩形工具，长按 Shift 键画选框即为正方形。椭圆选框与圆形选框的画法同理。

单行选框工具，是一个像素高的横状选区。主要用于网页设计需要分割的时候。

单列选框工具，是一个像素宽的竖状选区。基本特性与单行选框一样。

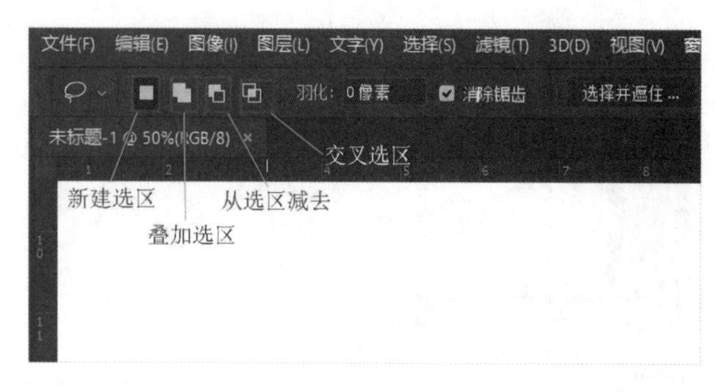

图 1-22 选区

三、套索工具组

如图 1-23 所示，左侧工具栏第三个为套索工具。长按鼠标左键或单击右键，可弹出套索工具组，包含套索工具、多边形套索工具、磁性套索工具。

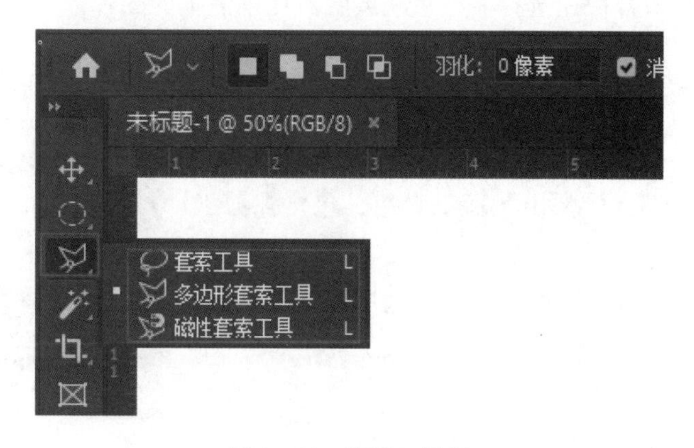

图 1-23 套索工具组

套索工具：可以自定义选区的工具，单击鼠标直接按住想要的图形拖动即可。

多边形套索工具：绘制比较规整的选区，例如，长方形、菱形等图案。

磁性套索工具：能够像磁铁一样吸附在图案边缘，适合边界较为清晰的图形图案。

套索工具适合绘制自由选区路径；多边形套索工具适合绘制一些外形比较规整，颜色对比比较大的图形选区；磁性套索工具适合绘制边缘对比比较清晰的图形选区。可以结合上方菜单栏中的新建选区、叠加选区、从选区减去、交叉选区使用。

四、快速选择工具组

如图 1-24 所示，工具栏第四个为快速选择工具 。选中图标后，鼠标右击会弹出快速选择工具组，包含快速选择工具、魔棒工具。

快速选择工具：可以快速创建选区。它的特点就是当画笔画出范围后，它会自动把周围颜色相近的部分也一起选上，选区在颜色差别比较大的地方就会断开。如果一直拖动画笔，

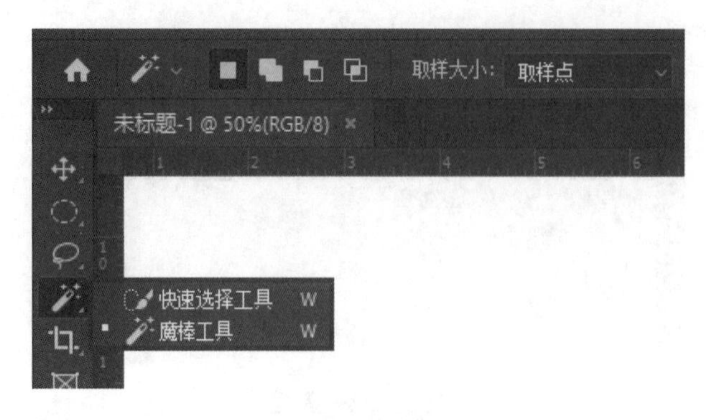

图 1－24　快速选择工具组

它就会不断拓展跟它色彩相近的区域。与前面学习的几个选区相比，它最大的特点就是用画笔的形式（画笔一样可以设置大小）快速选择一个选区范围。

魔棒工具：与快速选择工具很相似。当这个工具单击画面时，与单击的点的颜色相近的部分都会被选上。其适合快速选择一些色块或者对比很清晰的图片。

五、裁剪工具组

如图 1－25 所示，工具栏第五个为裁剪工具 。长按鼠标左键或单击右键，可弹出裁剪工具组，包含裁剪工具、透视裁剪工具、切片工具、切片选择工具。

裁剪工具：是用来裁切画面的工具。选中裁剪工具后，画面上、下、左、右及四个角都会出现长方形色块，如图 1－26 所示。拖动色块可以调整需要裁切的范围，调整好后双击鼠标即可完成裁剪。

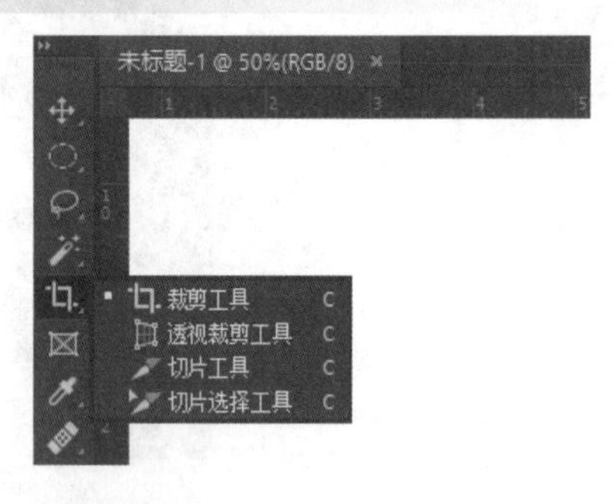

图 1－25　裁剪工具组

图 1－26　裁剪框

透视裁剪工具：主要用来修正画面中的一些透视问题。例如，手机拍摄图片时很容易拍歪了，需要修正，此时透视裁剪工具就是很好的帮手。

切片工具：初衷是给网页设计师用的，因为网页在输出的时候需要将图片分割成很多个小图片，所以就会用到切片工具。日常如果需要切图，也可以用这个工具，例如，将一张图切成四宫格。

切片选择工具：就是用来选中切片的工具。当拉出切片后，用切片选择工具可以分别选中不同的切片，双击切片还能修改切片名称，以及修改切片尺寸。

六、图框工具组

如图 1－27 所示，工具栏默认第六个为图框工具 ⊠。图框工具是 Photoshop CC 2019 的一个新功能，它的作用，官方描述是：为图像创建占位符图框。通俗地讲，就是类似于一个蒙版工具，把图片拖进图框里面后，图片就会被约束在图框里面，图片大小和位置可以自己调整。图框工具组又分为矩形图框和椭圆图框。

图 1－27 图框工具组

七、吸管工具组

如图 1－28 所示，工具栏默认第七个为吸管工具。长按鼠标左键或单击右键，可弹出吸管工具组，包含吸管工具、3D 材质吸管工具、颜色取样器工具、标尺工具、注释工具、计数工具。

吸管工具：从图像中取样颜色。通俗地说，就是可以用这个工具吸取图像上的颜色。

3D 材质吸管工具：从 3D 对象加载选定的材质。这个工具是针对 Photoshop CC 2019 里面的 3D 功能的，通俗地说，就是给 3D 模型吸取材质用的。

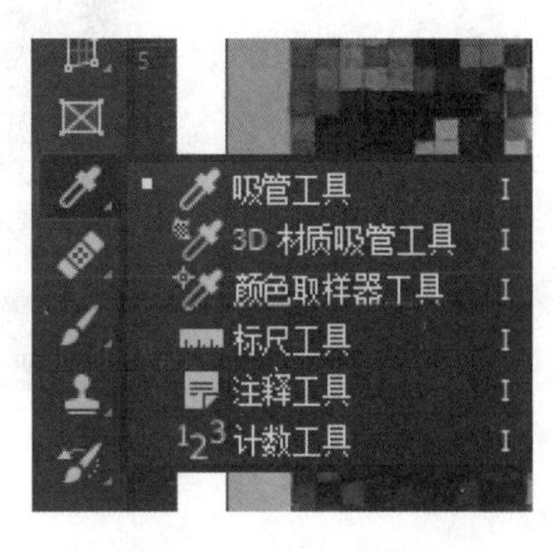

图 1－28 吸管工具组

八、污点修复画笔工具组

如图 1－29 所示，工具栏默认第八个为污点修复画笔工具组。长按鼠标左键或单击右键，可弹出污点修复画笔工具组，包含污点修复画笔工具、修复画笔工具、修补工具、内容感知移动工具、红眼工具。

污点修复画笔工具：顾名思义，就是可以快速移除不想要的污点的工具。具体使用方法：使用这个工具直接涂抹污点，它会自动修复画面。

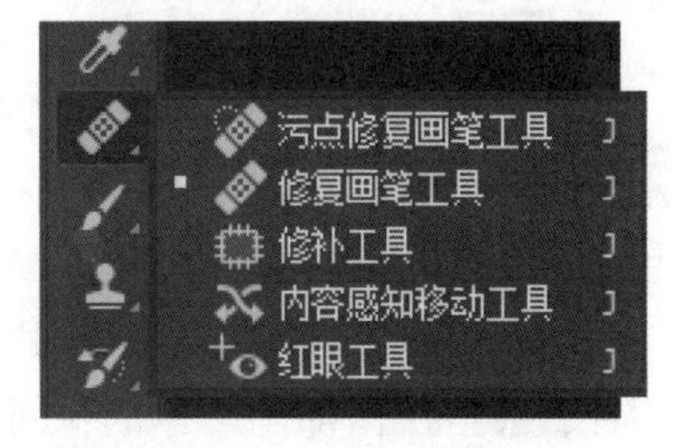

图 1－29 污点修复画笔工具组

修复画笔工具的作用与污点修复画笔工具类似，它的工作原理是：先在图片上设置一个源点，然后在其他地方单击，它就会把源图像复制过去。

修补工具的用途同样是修补画面，它的工作原理是：选择需要修复的选区，拉取需要修复的选区拖动到附近完好的区域即可实现修补。

内容感知移动工具：当移动了画面中的物体后，它能够智能地填充修复画面。

红眼工具：很多摄影作品因为开了闪光灯后会有红眼，这个工具就可以帮助快速地去除红眼。

九、画笔工具组

如图 1－30 所示，工具栏默认第九个为画笔工具。长按鼠标左键或单击右键，可弹出画笔工具组，包含画笔工具、铅笔工具、颜色替换工具、混合器画笔工具。

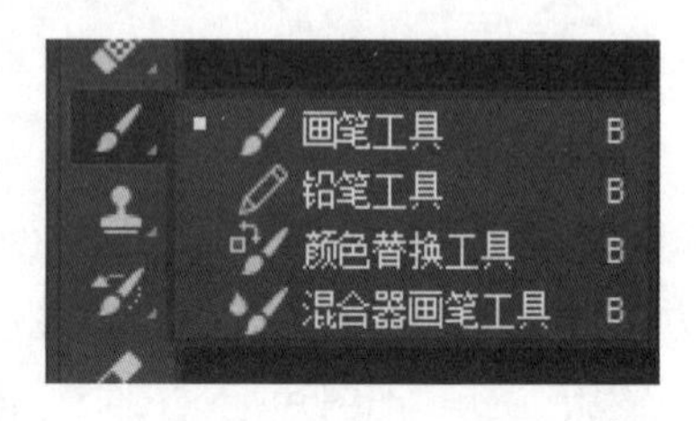

图 1－30　画笔工具组

画笔工具可以自由绘制描边、图案。在菜单栏下方可以设置画笔大小、选择不同的画笔、设置透明度等参数。画笔工具是经常用到的工具，通常用来画插画、画游戏原画、涂抹颜色，如图 1－31 所示。

图 1－31　画笔设置

十、仿制图章工具组

如图 1－32 所示，工具栏默认第十个为仿制图章工具。长按鼠标左键或单击右键，可弹出仿制图章工具组，包含仿制图章工具和图案图章工具。

图 1－32　仿制图章工具组

仿制图章工具：这个工具跟前面学过的修复画笔工具很像，甚至操作都是一样的，同样是按住 Alt 键选一个源点，然后单击涂抹任意画面就会复制源的图像过来。修复画笔复制出来的图像会通过一个算法跟周围的图像融合，而仿制图章工具复制出来的图像是不会跟周围融合的，源内容是什么，复制过来就是什么，边缘也不会跟周围融合过渡。

图案图章工具：先自定义图案，然后用图案图章工具仿制出来。

十一、历史记录画笔工具组

如图 1－33 所示，工具栏默认第十一个为历史记录画笔工具 。长按鼠标左键或单击右键，可弹出历史记录画笔工具组，包含历史记录画笔工具、历史记录艺术画笔工具。

图 1－33　历史记录画笔工具组

历史记录画笔工具：将图像的某些部分恢复到以前的状态。历史记录画笔工具是一个需要配合历史记录面板的工具。只要用历史记录画笔工具，就可以单独将之前做错的那一步修改回来。

历史记录艺术画笔工具：主要给图像做特殊效果用的，一般很少用到这个工具，了解即可。通过设置样式、区域、容差，历史记录艺术画笔可以绘制出不同效果。

十二、橡皮擦工具组

如图 1－34 所示，工具栏默认第十二个为橡皮擦工具 。长按鼠标左键或单击右键，可弹出橡皮擦工具组，包含：橡皮擦工具、背景橡皮擦工具、魔术橡皮擦工具。

图 1－34　橡皮擦工具组

橡皮擦工具：将像素更改为背景颜色，或使它们透明。意思是，可以用橡皮擦工具将画面擦除，然后画面就只剩下背景色。

背景橡皮擦工具：抹除取样颜色的像素。背景橡皮擦工具对比橡皮擦工具，它在画笔中心位置多了一个十字符号，这个十字符号就是取样点。当利用背景橡皮擦擦除物体边缘外的颜色时，这个十字符号只要始终保持不压到物体，它就会自动擦除物体以外的背景颜色。通常用来擦除有比较明显交界线的画面。

魔术橡皮擦工具：只需要用这个工具单击，就可以删除类似颜色的画面。

十三、油漆桶工具组

如图 1－35 所示，工具栏默认第十三个为油漆桶工具 。长按鼠标左键或单击右键，可弹出油漆桶工具组，包含渐变工具、油漆桶工具、3D 材质施放工具。

图 1－35　油漆桶工具组

渐变工具：用来创建渐变颜色。渐变工具在菜单栏下方还有 5 个模式可选，如图 1－36 所示，分别是线性渐变、径向渐变、角度渐变、对称渐变、菱形渐变。使用不同的渐变方式，会产生不同的渐变效果，具体根据需要来设定。

油漆桶工具：填充前景色的一个填色工具，它会作用于一个连续封闭区间。填充平铺色。

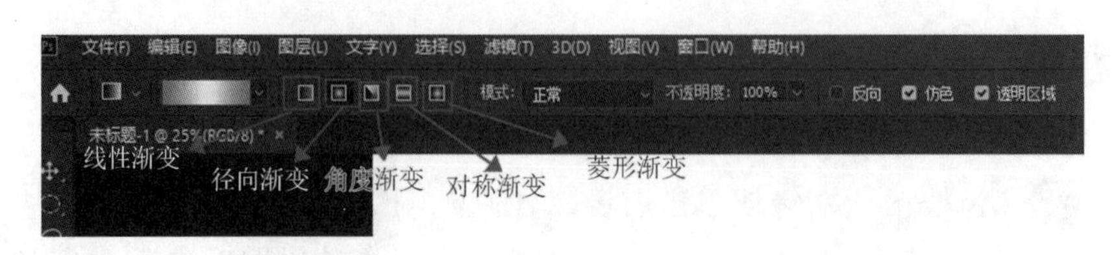

图 1-36 渐变工具设置

十四、模糊工具组

如图 1-37 所示，工具栏默认第十四个为模糊工具 。模糊工具组包含模糊工具、锐化工具、涂抹工具。

图 1-37 模糊工具组

模糊工具：用来模糊画面，可以自定义设置画笔大小及模糊的强度。

锐化工具：用来锐化画面，让画面看起来对比更清晰明显。同样，可以自定义画笔大小及锐化的强度。

涂抹工具：用来软化或者涂抹画面。就像粉笔痕迹用手涂抹后的效果。

十五、减淡工具组

如图 1-38 所示，工具栏默认第十五个为减淡工具 。长按鼠标左键或单击右键，可弹出减淡工具组，包含减淡工具、加深工具、海绵工具。

图 1-38 减淡工具组

减淡工具：用来调亮画面，同时，可以增加画面质感。

加深工具：跟减淡工具相反，用来调暗画面。在属性栏下方还可以设置“阴影”“中间调”“高光”三个选项。

海绵工具：可以用来更改画面的颜色饱和度。顾名思义，就像海绵一样，可以比较轻柔地作用于画面，可以选择调整“去色”“加色”两个选项。

十六、钢笔工具组

如图 1-39 所示，工具栏默认第十六个为钢笔工具组 。长按鼠标左键或单击右键，可弹出钢笔工具组，包含钢笔工具、自由钢笔工具、弯度钢笔工具、添加锚点工具、删除锚点工具、转换点工具。

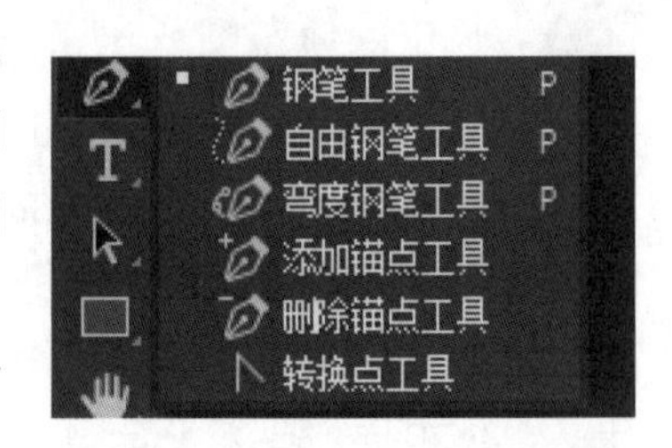

图 1-39 钢笔工具组

钢笔工具：可以通过锚点和手柄创建与更改路径或者形状。

自由钢笔工具：可以自由绘制路径的钢笔工具，鼠标单击画面，然后自由拖动就会自动产生路径。同样，可以创建路径或者形状。

弯度钢笔工具：可以更好地创建一些有弧度的形状或者路径，绘制完成后，选中其中一个锚点自由拖动，形状会自动跟着变化，但是始终都会保持一个过渡比较圆滑的形状。

添加锚点工具：给已经绘制好的路径或者形状添加新的锚点，方便调整。

删除锚点工具：用来删除已经绘制好的路径或者形状上面的锚点。

转换点工具：主要用来调整锚点，是平滑还是拐点，用转换点工具拖动锚点的时候，会自动出来手柄，然后可以分别调整手柄的任意一边而不影响另外一边。转换点工具有个快捷方式，就是：当选中钢笔工具后，按住 Alt 键就会自动切换成转换点工具；松开 Alt 键，就会回到钢笔工具，在用钢笔工具绘制路径过程中，想调整锚点，就可以直接按住 Alt 键进行操作。

十七、文字工具组

如图 1－40 所示，工具栏默认第十七个为文字工具组 T。长按鼠标左键或单击右键，可弹出文字工具组，包含横排文字工具、直排文字工具、直排文字蒙版工具、横排文字蒙版工具。

图 1－40　文字工具组

横排文字工具：顾名思义，就是用于创建横着排的文字。当需要输入文字的时候，单击该工具，然后单击画面就可以输入文字了。

直排文字工具：用于创建直着排的文字。

直排文字蒙版工具：用于创建直排文字选区。

横排文字蒙版工具：用于创建横排文字选区。

十八、路径选择工具组

如图 1－41 所示，工具栏默认第十八个为路径选择工具组。长按鼠标左键或单击右键，可弹出路径选择工具组，包含路径选择工具、直接选择工具。

图 1－41　路径选择工具组

路径选择工具：用于选中整个路径，例如，用钢笔工具绘制了一个路径，需要移动它的时候，只能用路径选择工具才可以。

直接选择工具：用来选择路径中的单个锚点或多个锚点。

十九、矩形工具组

如图 1－42 所示，工具栏默认第十九个为矩形工具组。长按鼠标左键或单击右键，可弹出矩形工具组，包含矩形工具、圆角矩形工具、椭圆工具、多边形工具、直线工具、自定形状工具。

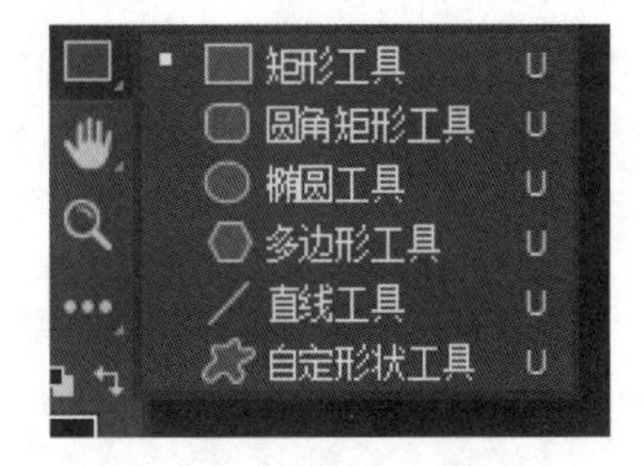

图 1－42　矩形工具组

矩形工具：绘制矩形形状、路径、像素。

圆角矩形工具：绘制带圆角的矩形形状、路径、像素。可以通过设置圆角半径来控制圆角的大小。

椭圆工具：绘制椭圆形状、路径、像素。按住 Shift 键可以绘制正圆形。

多边形工具：绘制多边形形状、路径、像素。可以自定义设置 3 ~ 100 条边的多边形。右击，可设置边数。

直线工具：绘制直线形状、路径。按住 Shift 键可以绘制水平线或者垂直线。

自定形状工具：可以通过自定义形状面板设置各种形状，如图 1 – 43 所示。所有的形状都可以进行更改颜色和设置描边等操作。

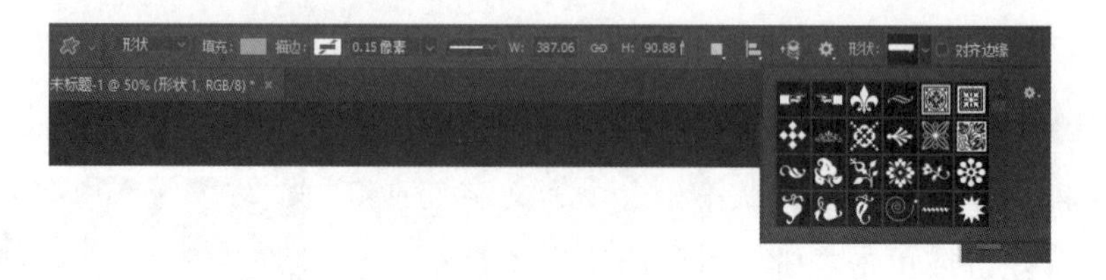

图 1 – 43　自定义形状工具

二十、抓手工具组和放大镜工具

工具栏默认第二十个为抓手工具组 。长按鼠标左键或单击右键，可弹出抓手工具组，包含抓手工具、旋转视图工具。

抓手工具：用来移动画面。当放大画面后，如果不能完整地看到图像，就需要用到抓手工具来移动画面。快捷方式是按住空格键，或者按 H 键。

旋转视图工具：通常在画画的时候用得比较多。可以用旋转视图工具旋转画面。

如图 1 – 44 所示，工具栏中第二十一个为放大镜工具 。其用于放大或缩小画面。在属性栏下方可以看到放大和缩小的图标。

图 1 – 44　放大镜工具

【课后思考题】

1. Photoshop 的主要应用领域有哪些？
2. 常用的色彩模式有哪几种？有何区别？

项目二

海报设计

本项目主要是进行海报设计。海报是一种信息传递的艺术，是一种大众化的宣传工具。海报又称招贴画，是贴在街头墙上、挂在橱窗里的大幅画作，其以醒目的画面吸引路人的注意。海报设计总的要求是使人一目了然。一般的海报通常含有通知性，所以主题应该明确显眼、一目了然，并以最简洁的语句概括出如时间、地点、附注等主要内容。海报的插图、布局的美观通常是吸引眼球的好方法。在实际生活中，有比较抽象的和具体的设计方法。

【项目重点】

- 了解文字在海报中的重要性。
- 掌握在设计中的色彩搭配、整体布局。

【素养目标】

- 掌握 Photoshop CC 2019 中文字工具的使用技巧。
- 提高对海报的审美/鉴赏能力。
- 提倡简单、环保的低碳生活。

任务一 家居海报

项目名称	任务内容
任务讨论	一张好的海报可以为企业吸引更多的顾客。那么，如何设计海报来更好地吸引顾客的注意力呢？需要运用不同的设计手法来表现号召力和艺术感染力，要调动形象、色彩、构图、形式感等因素形成强烈的视觉效果；作品的画面应有较强的视觉中心，应力求新颖、单纯，还必须具有独特的艺术风格和设计特点。 本任务要求为一个家居电商制作海报，宣传简单、环保的居住风格。最终效果如图 2 - 1 所示。

续表

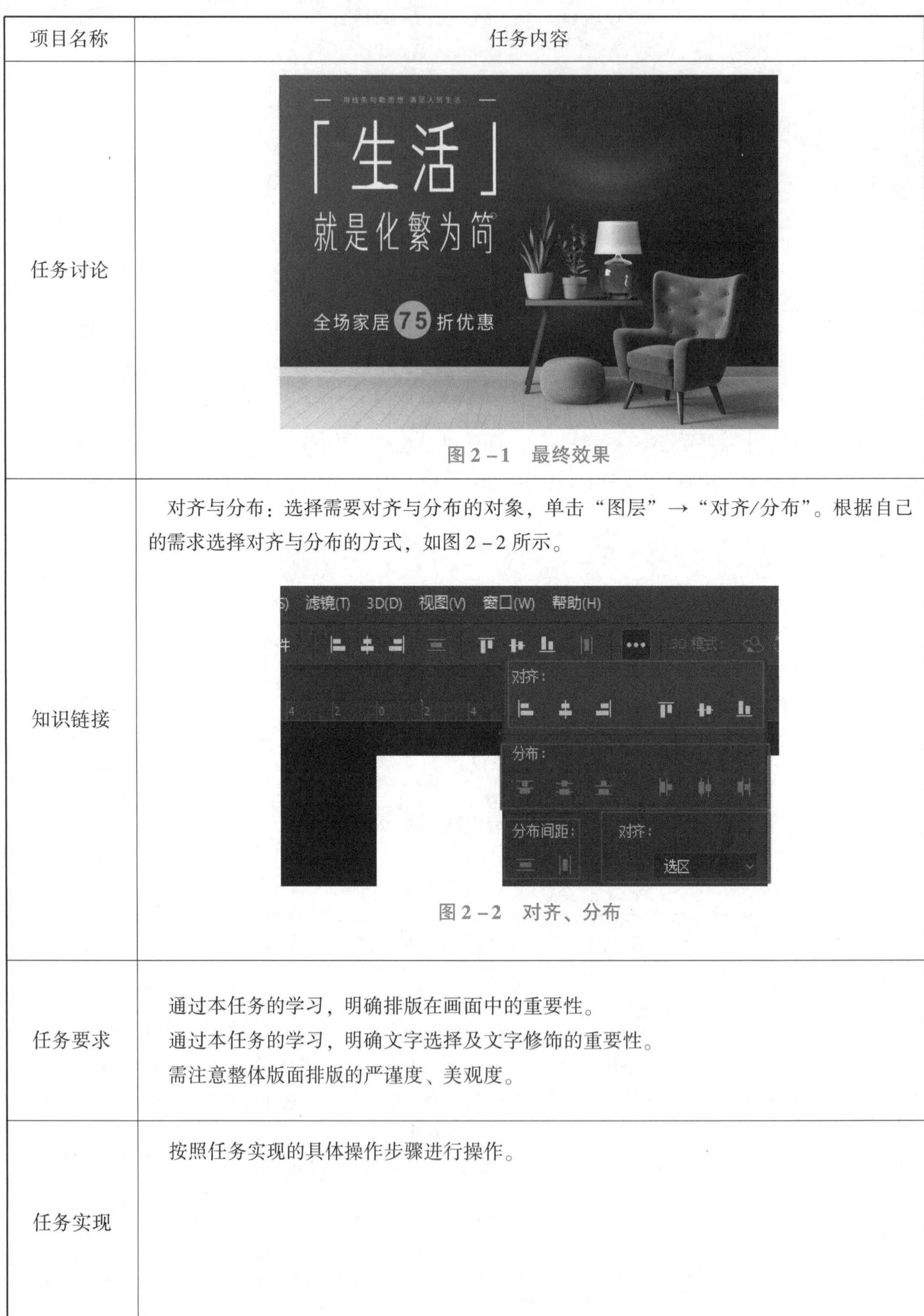

项目名称	任务内容
任务讨论	图 2－1　最终效果
知识链接	对齐与分布：选择需要对齐与分布的对象，单击“图层”→“对齐/分布”。根据自己的需求选择对齐与分布的方式，如图 2－2 所示。 图 2－2　对齐、分布
任务要求	通过本任务的学习，明确排版在画面中的重要性。 通过本任务的学习，明确文字选择及文字修饰的重要性。 需注意整体版面排版的严谨度、美观度。
任务实现	按照任务实现的具体操作步骤进行操作。

续表

项目名称	任务内容
任务总结	通过完成上述任务，你学到了哪些知识和技能？
拓展实训	示意图及要求见本任务拓展实训栏目。
课堂笔记	

【任务实现】

（1）将素材拖入 Photoshop CC 2019 中。素材如图 2－3 所示。如图 2－4 和图 2－5 所示，在左侧工具栏中选择文字工具 T，在空白处单击，如图 2－6 所示，分别输入文字“生活”和“就是化繁为简”两段文字。

图 2－3　素材图

图 2－4　文字图标

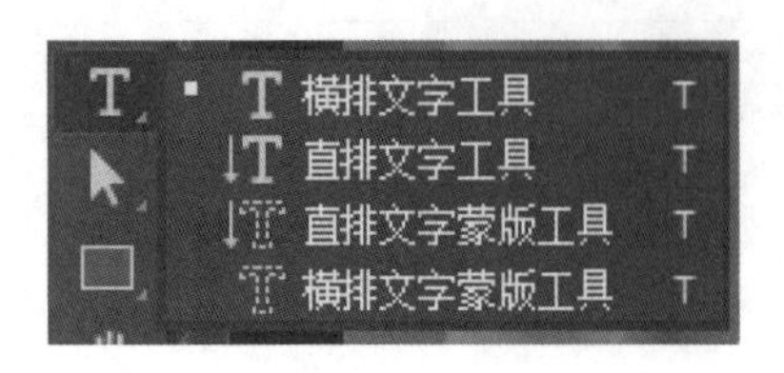

图 2－5　文字工具组

图 2－6　编辑文字

（2）对文字的大小和颜色进行调整，颜色调整为白色，如图 2－7 所示。将两排文字进行对齐，如图 2－8 所示。

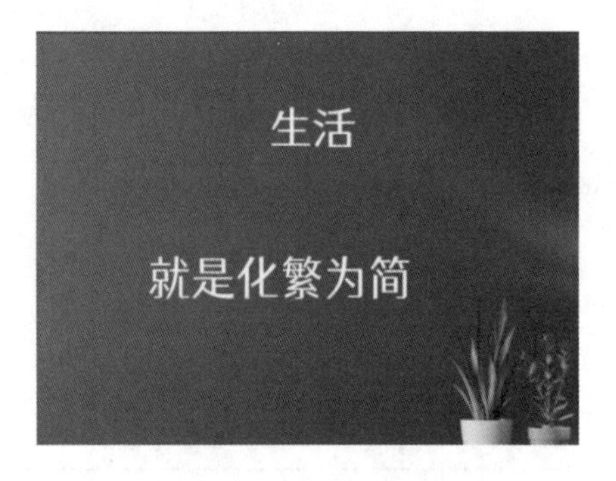

图 2－7　文字编辑

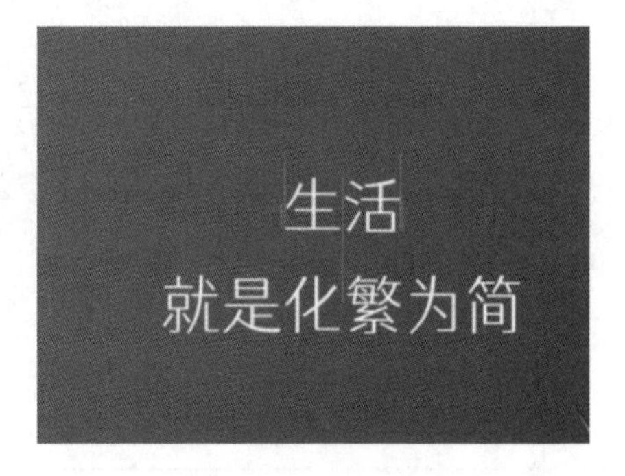

图 2－8　文字对齐

（3）再次使用文字工具 T 将“用线条勾勒思想 满足人居生活”和“全场家居 75 折优惠”输入素材中，如图 2－9 所示。

（4）将输入法的特殊符号调出，在“生活”两个字前、后分别输入“「”“」”，如图 2－10 所示。再调整位置、字体。

图 2－9　文字素材输入

图 2－10　特殊符号输入

（5）将“就是化繁为简”这几个字放大一些，如图2－11所示。切记不要使用放大功能拉伸字体，否则会造成变形；要通过调整字体的大小进行调整。

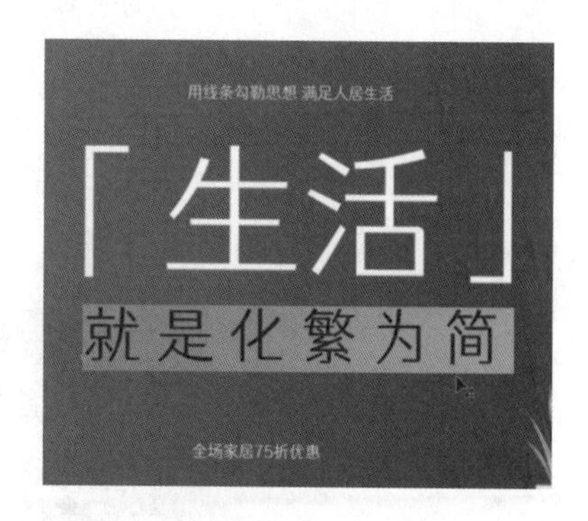

图2－11　文字调整

（6）文字大小可通过上方菜单栏进行调整，或通过右侧面板栏中的属性进行调整，如图2－12和图2－13所示。全选文字，按住Alt＋→组合键，将这几个字的字间距调整得大一些，或通过调整字间距大小进行调整。

图2－12　文字属性栏

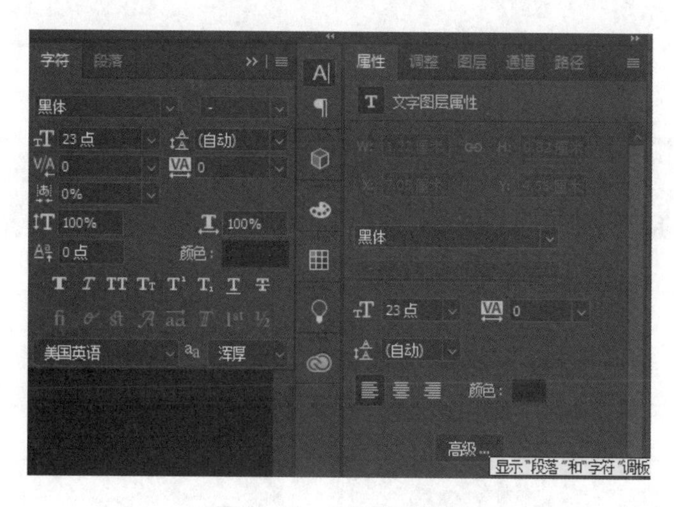

图2－13　文字属性面板

（7）单击图层，全选主标题文字，如图2－14所示。按Ctrl＋t组合键把文字往下拉长一些，让文字看起来更加修长一些，如图2－15所示。

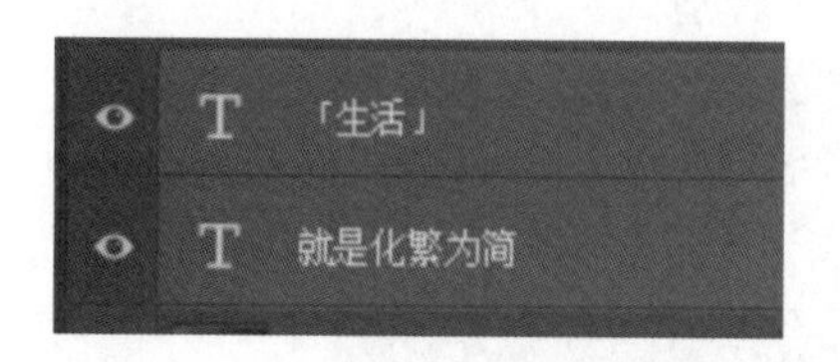

图2－14　文字图层

图2－15　文字调整

（8）将“用线条勾勒思想 满足人居生活”文字全选，按住 Alt +→组合键，将这几个字的字间距调整得大一些，如图 2－16 所示。接着用钢笔工具勾出一小段直线，再复制一条放在文字后方，线条粗细为 5 pt，如图 2－17 和图 2－18 所示。按 Ctrl + C 组合键进行复制，按 Ctrl + V 组合键进行粘贴，如图 2－19 所示。

图 2－16　字间距调整

图 2－17　线条勾勒

图 2－18　线条属性调整

图 2－19　线条复制

（9）将文字和线条全选后，如图 2－20 所示，在上方选项栏中单击“…”按钮，选择“对齐”→“水平居中分布”，如图 2－21 所示。

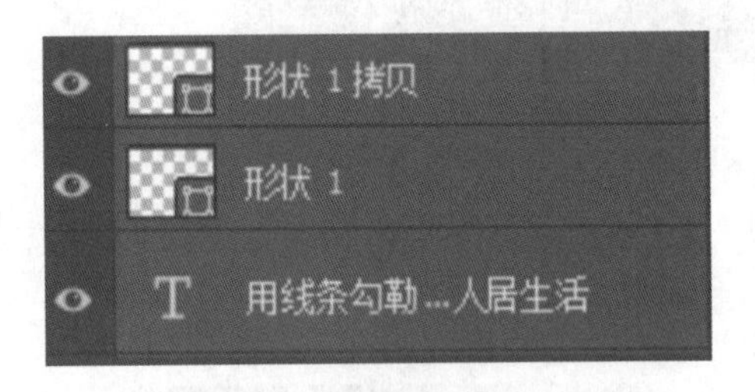

图 2－20　文字和线条图层

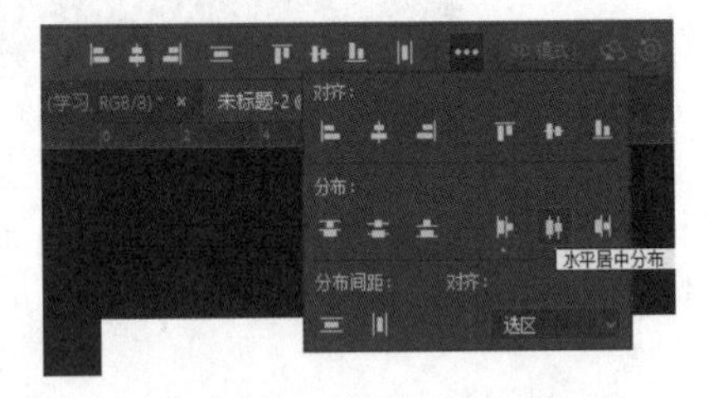

图 2－21　对齐及分布属性

（10）将“全场家居 75 折优惠”文字放大，文字字间距放大，操作步骤同第（8）步，如图 2－22 所示。再将“75”两个数字选择一个合适的英文字体，如图 2－23 所示。

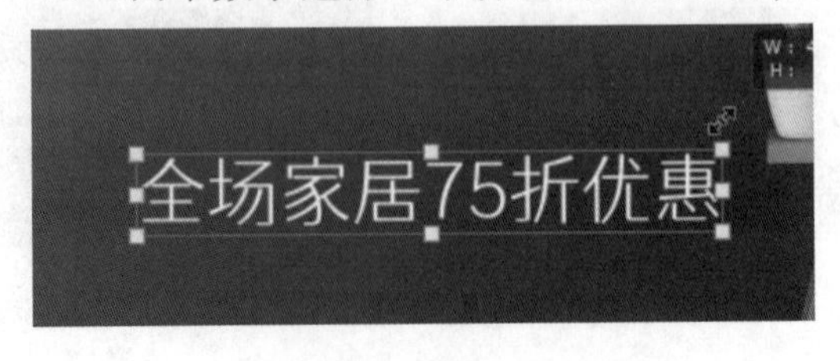

图 2－22　文字大小调整

图 2－23　数字 75 字体调整

（11）在“75”数字处使用椭圆工具，按住 Shift 键画一个正圆形，如图 2－24 所示。再将正圆形的颜色替换为图 2－24 中的颜色。双击形状图层可以调出拾色器，直接用吸管去吸取图片中的颜色，如图 2－25 和图 2－26 所示。

图 2－24　绘制图形

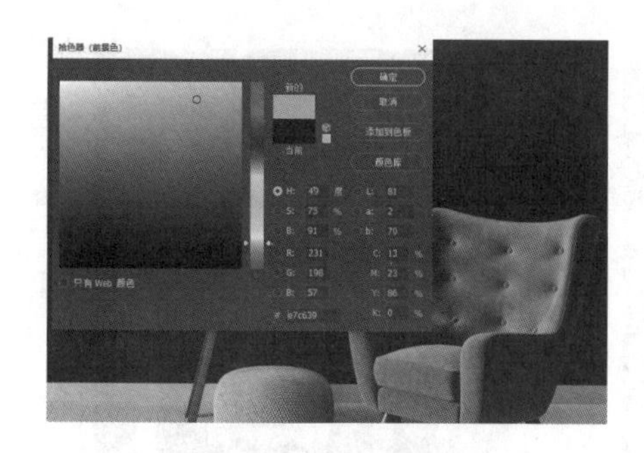

图 2－25　拾色器

图 2－26　调整图形颜色

（12）选择文字工具，在“75”前后都输入一个空格，再将正圆形放大一些，和“75”居中对齐。选中“75”，选择文字颜色，调出拾色器，直接用吸管吸取背景颜色，如图 2－27 所示。

（13）将“全场家居 75 折优惠”和正圆形编成一组（Ctrl + G），再将所有文字都居左对齐，如图 2－28 所示。

图 2－27　布局调整

图 2－28　文字及图形编组

（14）把“化繁为简”的“简”字单独编辑，新建一个只有“简”字的图层，将原有的“简”字删除，接着将文字图层转换成形状图层，如图 2－29 和图 2－30 所示。在“简”字所在图层上右击，选择“转换为形状”，如图 2－31 所示。

图 2－29　复制文字图层

图 2－30　“简”字图形

（15）选择路径选择工具（白箭头），对“简”字进行笔画调整、删除，调整得更有设计感一些，如图 2－32 所示。

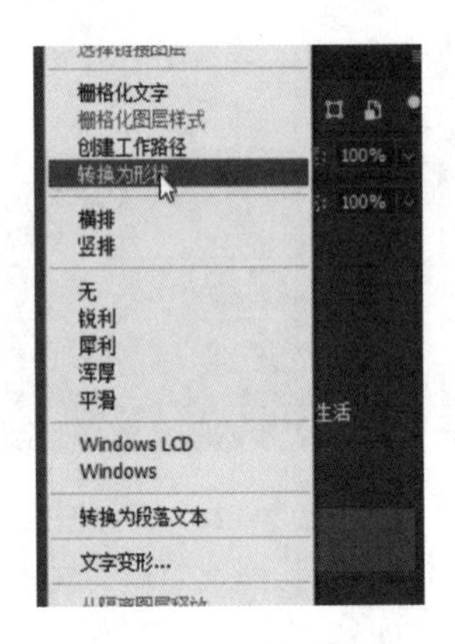

图 2－31　转换为形状

图 2－32　调整路径

（16）选择椭圆工具画一个正圆形，填充颜色为 0，设置描边参数，描边粗细为 3 pt，颜色和“75”的正圆形颜色是一样的，如图 2－33 所示。

（17）最后回到“生活”字体。为了让文字更加丰富，在主标题文字处再添加一些装饰，用钢笔工具在“生”字上勾一个形状，接着对形状进行调整，如图 2－34 所示；再将调整好的形状复制（按住 Alt 键直接拖动）一个放在“活”字上，根据文字调整形状大小。

最终效果如图 2－1 所示。

图 2－33　图形绘制及属性设置

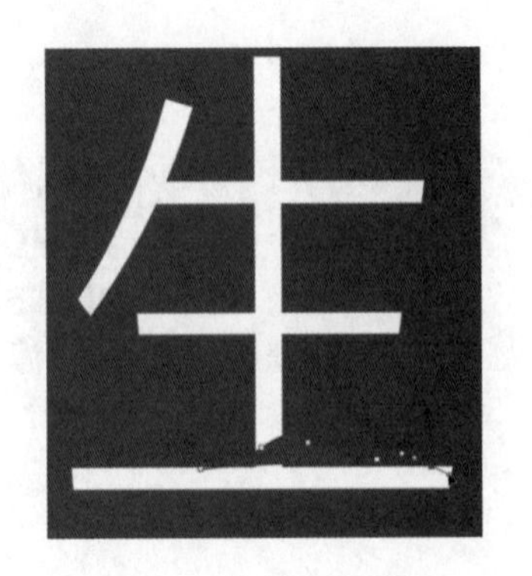

图 2－34　形状调整

【拓展实训】

选取一个主题，结合国家的节日、公益宣传来设计作品。根据主题设计文案，设计其页面布局，可以提前找好 JPG 或 PSD 素材，素材与题材自选。

效果参考：

本任务的参考效果如图 2－35 所示。

制作要点：

根据页面大小创建选区；利用文字工具添加文案；添加素材；填写文案；整体布局调整。

图 2－35　拓展效果

任务二　元宵节海报

项目名称	任务内容
任务讨论	一个传统节日的电商页面的设计，主要体现中国传统文化的特点。本案例以中国传统节日元宵节为例进行设计。元宵节最有特色的表现就是元宵，电商又以商业产品展示为主，因此，运用不同的元宵产品以商品售卖的形式设计整个版面。案例采用卡通素材作为海报的设计，以红色来烘托节日氛围，产品陈列页面也延续红色的使用，使整个版面的视觉统一。 本任务要求为电商制作元宵节海报。部分效果如图 2－36 所示。 图 2－36　部分效果

续表

项目名称	任务内容
知识链接	图形工具：选择需要的图形工具，调整图形大小与细节。根据自己的需求制作图形。如图 2－37 所示。 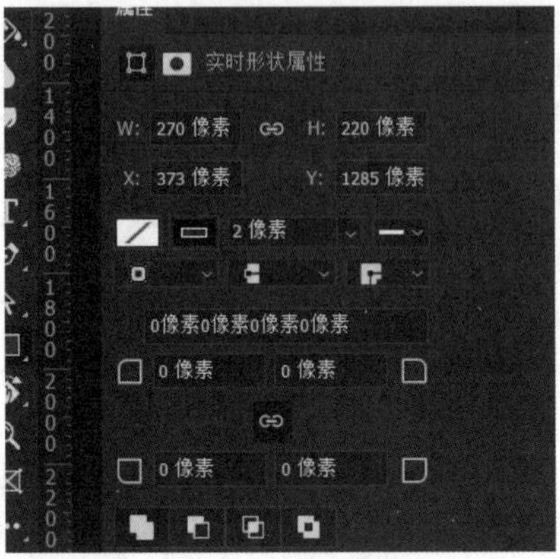 图 2－37　图形工具
任务要求	1. 通过本任务的学习，明确色彩搭配、元素选取在画面中的重要性。 2. 通过本任务的学习，明确文字选择及文字修饰的重要性。 3. 需注意整体版面排版的严谨度、美观度。
任务实现	按照任务实现的具体操作步骤进行操作。
任务总结	通过完成上述任务，你学到了哪些知识和技能？
拓展实训	示意图及要求见本任务拓展实训栏目。

续表

项目名称	任务内容
课堂笔记	

【任务实现】

（1）在 Photoshop CC 2019 中设置好底图，素材如图 2－38 所示。如图 2－39～图 2－40 所示，在左侧工具栏中选择画笔工具（B），绘出本次主题的海报素材（包括但不限于元宵、城楼与主题），如图 2－41 所示。

图 2－38　绘制底图

图 2－39　画笔工具组图标

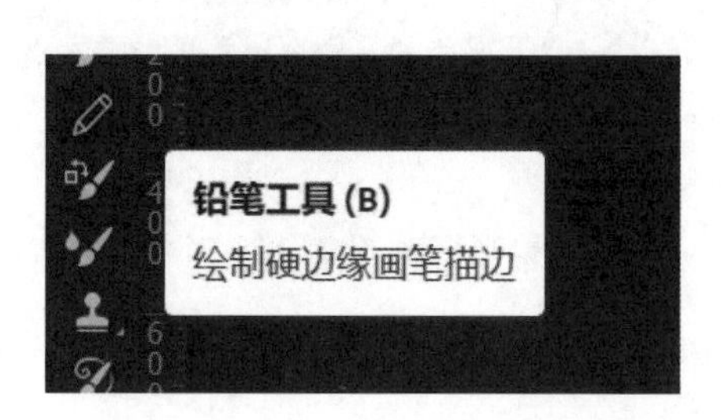

图 2－40　铅笔工具组图标

图 2－41　海报素材

（2）运用矩形工具 U 选择矩形，如图 2－42 所示。自定义添加图形，如图 2－43 所示。

图 2－42　绘制矩形

图 2－43　自定义添加图形

（3）创建新的图层，按 Ctrl＋Alt＋G 组合键，在图形上添加花纹，如图 2－44 所示。

（4）复制两个如图 2－43 所示的图形，对第一个图形建立选区，镂空中间图形，如图 2－45 所示。

（5）调整图形与花纹的距离。

图 2－44　图形添加花纹

图 2－45　复制并调整图形

（6）添加圆角矩形，如图 2－46 所示。在图形上添加“立即领取”，如图 2－47 所示。添加圆形及三角形，如图 2－48 所示。

图 2－46　绘制圆角矩形

图 2－47　输入文字

图 2－48　绘制图形

添加相关信息“优惠券”“满 50 使用”“5 元券”，突出“5”的信息，放大字体，如图 2－49 所示。

（7）按照（4）～（6）的步骤再做两个“优惠卷”，或复制（4）～（6）的图层，改动相关信息，如图 2－50 所示。

图 2－49　文字信息及布局

图 2－50　复制及修改信息

（8）导入素材框，如图 2－51 和图 2－52 所示。

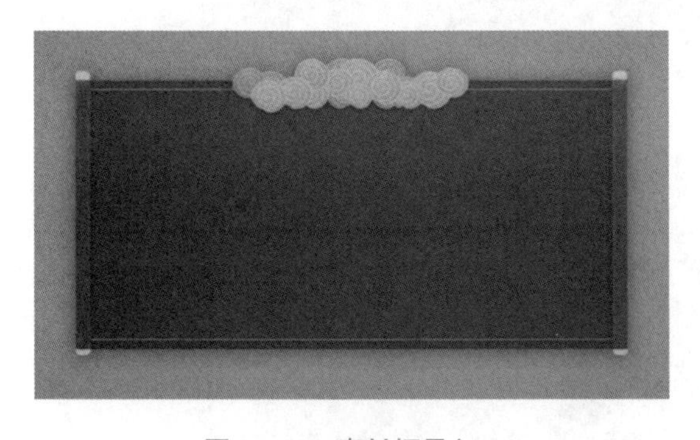

图 2－51　素材框导入 1

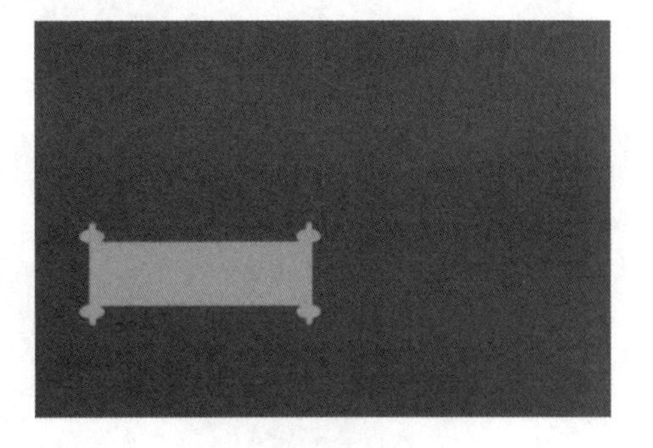

图 2－52　素材框导入 2

添加“元宵节特惠大放送”“黑芝麻汤圆 480g＊4 袋”“花生汤圆 480g＊4 袋”“抢购价：119”“立即抢购”，如图 2－53 所示。

运用矩形工具添加矩形，如图 2－54 所示。

图 2－53　添加文字信息

图 2－54　绘制矩形

导入产品图，按 Ctrl + Alt + G 组合键把素材框在矩形内，如图 2－55 所示。

图 2－55　素材导入

添加新图层，运用蒙版给产品调色，如图 2－56～图 2－58 所示。

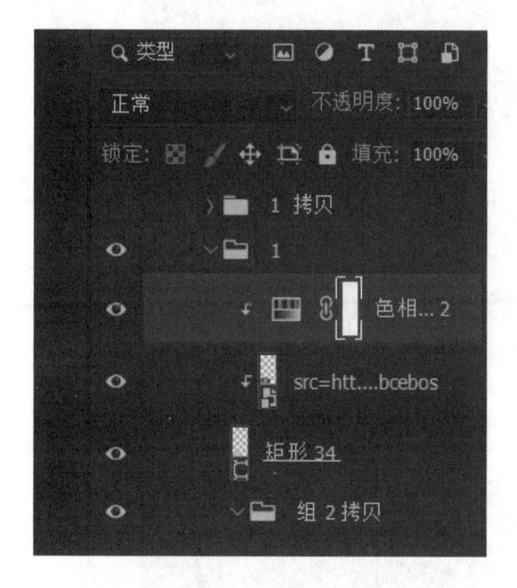

图 2－56　图层调色

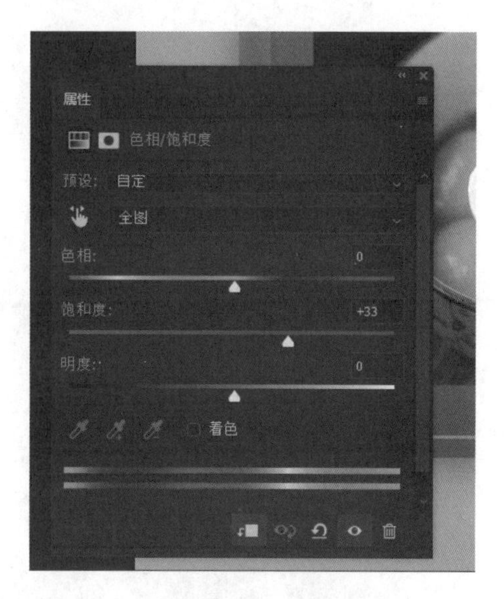

图 2－57　色相参数调整

图 2－58　色相调整效果

（9）重复（8）的步骤，再重复制作一个，或复制（8）相关图层，修改相关文字信息，如图 2－59 所示。

图 2－59　模块复制及修改效果

（10）导入素材框，如图 2－60 所示。

添加矩形，为矩形添加描边，如图 2－61 所示。

图 2－60　素材框导入

图 2－61　绘制矩形

添加产品图，如图 2－62 所示。新建图层，运用蒙版给产品调色，如图 2－63 和图 2－64所示。

图 2－62　添加素材

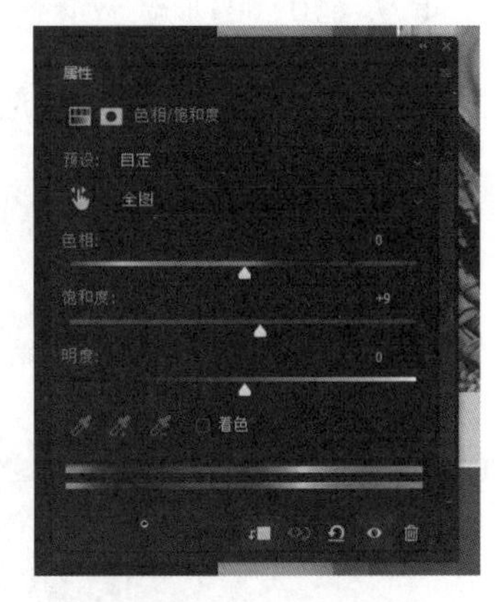

图 2－63　色相属性调整

（11）再次添加矩形，如图 2－65 所示。

图 2－64　素材调整色相效果

图 2－65　绘制矩形

添加信息“元宵节特惠大放送”“大黄米无糖汤圆”“立即抢购”“抢购价 49”。突出信息“49”，放大字体，如图 2－66 所示。

图 2－66　文字输入及布局

（12）重复（10）的步骤，继续做其他三种产品，如图 2－67 所示。

图 2－67　产品效果

最终效果如图 2－68 所示。

图 2－68　最终效果

【拓展实训】

选取一个主题，结合中国传统节日——端午节完成海报设计。根据节日主题，设计其页面，可以提前找好 JPG 或 PSD 素材，素材与题材自选。

效果参考：

本任务的参考效果如图 2－69 所示。

图 2－69　拓展效果

制作要点：

根据屏幕尺寸创建页面，以传统节日符号制作素材（例如，粽子、龙舟等），填写文案，调整整体布局。

任务三　酸性海报

项目名称	任务内容
任务讨论	在设计领域，有一种被称为“酸性平面”的视觉美学。这种风格的设计与迷幻物质带给使用者的视觉体验相似，常以反复出现的几何图形或高饱和度颜色呈现。“酸性”可以作为一种策略，被应用于展现主观的情绪化，例如，强调一种视觉失调、混乱和共存的状态。 本任务要求制作一张酸性海报，宣传简单、环保的居住风格。最终效果如图 2－70 所示。 图 2－70　最终效果
知识链接	多图层的链接及打组使用：选择需链接的图层，右击，选择“链接图层”，如图 2－71 所示。 图 2－71　链接图层

续表

项目名称	任务内容
任务要求	1. 通过本任务的学习，了解素材使用、色彩搭配在画面中的重要性。 2. 通过本任务的学习，了解文字排版的重要性及打组、链接图层的使用。 3. 需注意整体版面排版的严谨度、美观度。
任务实现	按照任务实现的具体操作步骤进行操作。
任务总结	通过完成上述任务，你学到了哪些知识和技能?
拓展实训	示意图及要求见本任务拓展实训栏目。
课堂笔记	

【任务实现】

（1）新建文档，选择 RGB 模式，单击“创建”按钮，如图 2－72 所示。

图 2－72　新建文档

（2）进入主界面，如图 2－73 所示。

图 2－73　主界面

（3）更换背景色，填充背景色。此处选择偏黑的蓝色，单击“确定”按钮。更换后的背景色如图 2－74 所示。

图 2－74　背景色属性

（4）拖进素材进行调整，修改图层样式，选择“颜色叠加”，双击颜色进行颜色更改。将颜色修改为绿色，单击“确定”按钮，如图 2－75 所示。添加描边，调整描边大小，如图 2－76 所示。

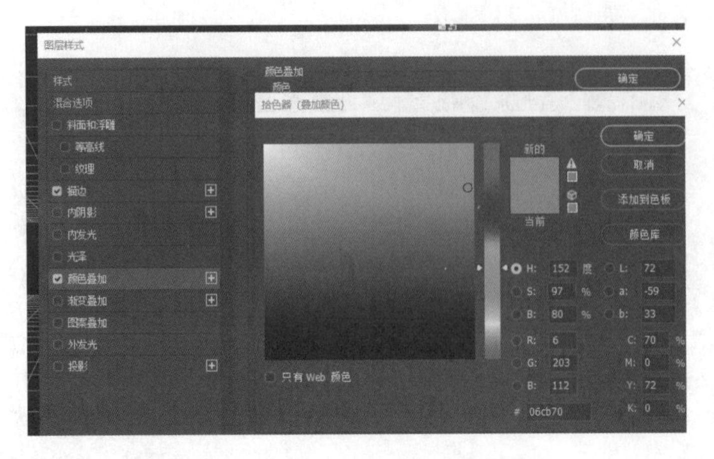

图 2－75　“颜色叠加”属性调整

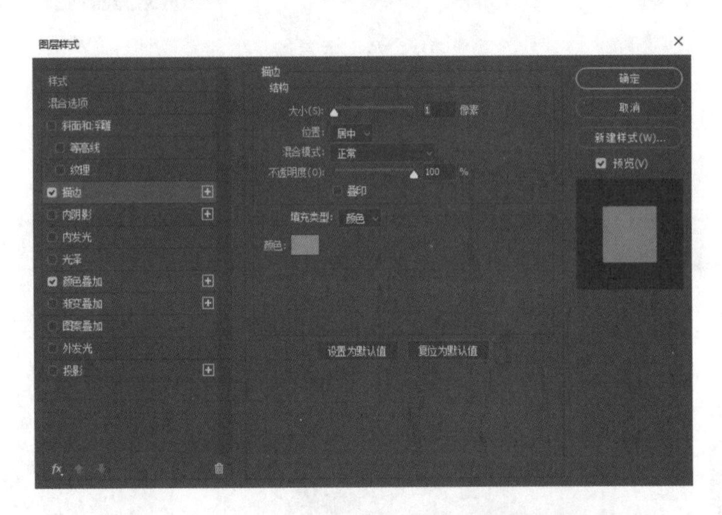

图 2－76　“描边”属性调整

（5）单击左侧工具栏矩形框工具进行绘制，如图 2－77 所示。调整好位置。双击图层进行颜色调整，使用吸管工具，使矩形框的填充色与素材颜色保持同色系，调整颜色亮度。

（6）选中矩形框进行复制，按 Ctrl + Shift + V 组合键平行复制。按 Ctrl + V 组合键再次复制，旋转 90°。重复按 Ctrl + Shift + V 组合键垂直复制，如图 2－78 所示。选中4 个形状图层，合并图层。

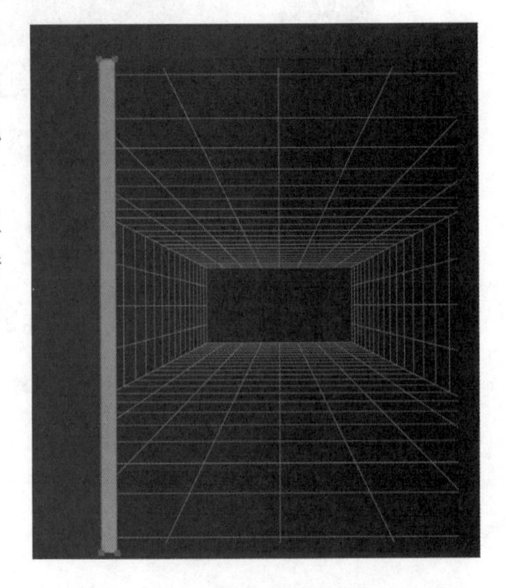

图 2－77　绘制矩形并调整颜色

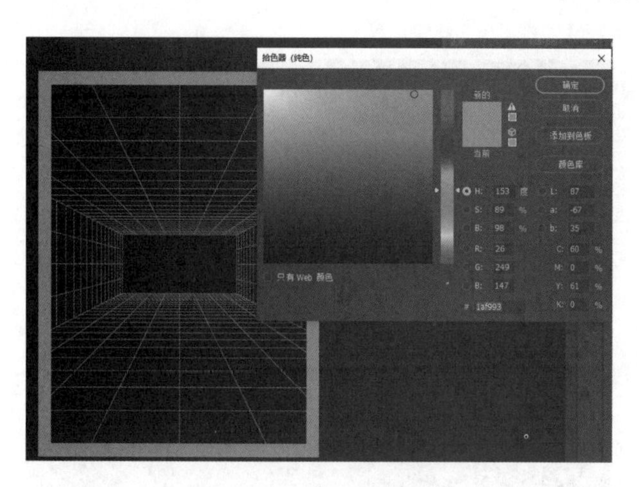

图 2-78　矩形图层复制

（7）单击文字工具，输入文案“design”，单击“属性”面板，将文字更改为大写。选择合适的字体，此处选择的字体为“优设标题黑”。

（8）调整字体大小，并进行复制，调整字体间距，使每个复制文案间距保持一致。单击菜单栏中的“分布”命令，选择“居中分布”，如图 2-79 所示。

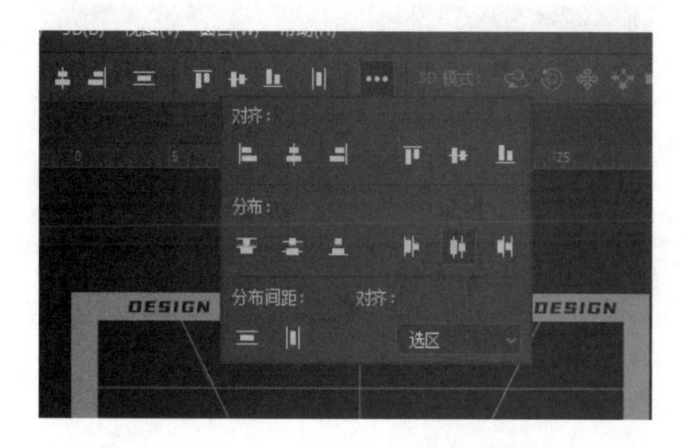

图 2-79　文字输入及分布设置

（9）同步骤（8）进行竖向复制粘贴，对齐。对横向文案及竖向文案分别按 Ctrl + G 组合键打组，并进行再次复制，如图 2-80 所示。

（10）单击矩形工具绘制矩形，填充颜色，此处颜色与背景色相同。添加描边，像素为 3 像素。颜色为绿色，如图 2-81 所示。

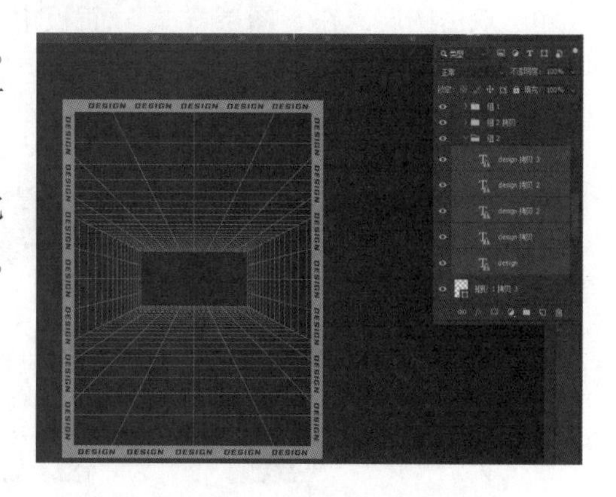

图 2-80　文字复制及打组图层

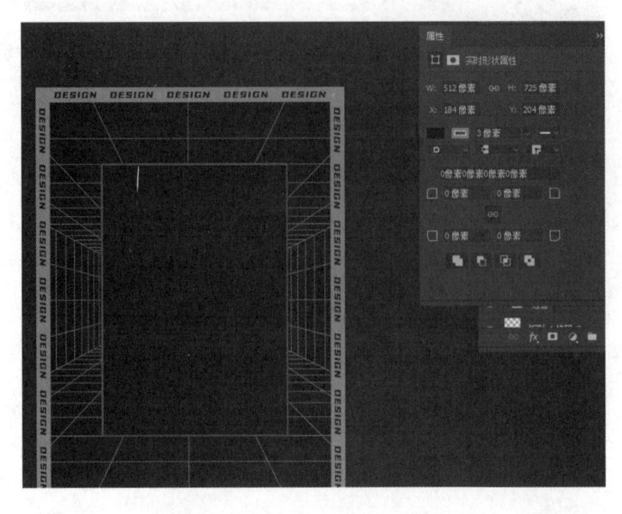

图 2－81　矩形及其参数调整

（11）单击文字工具，输入文案“酸性设计”。在“属性”面板中调整字体大小、字间距、行间距，如图 2－82 所示。

图 2－82　文字输入及属性调整

（12）按 Ctrl + L 组合键选择复制“酸性设计”文字，在“属性”面板中设置“填充”为 0。双击图层，在“图层样式”面板中添加描边，描边颜色为绿色，调整字体位置，如图 2－83 和图 2－84 所示。选中“酸性设计”两个图层，右击，选择“链接图层”，如图 2－85 所示。

图 2－83　文字复制及位置调整

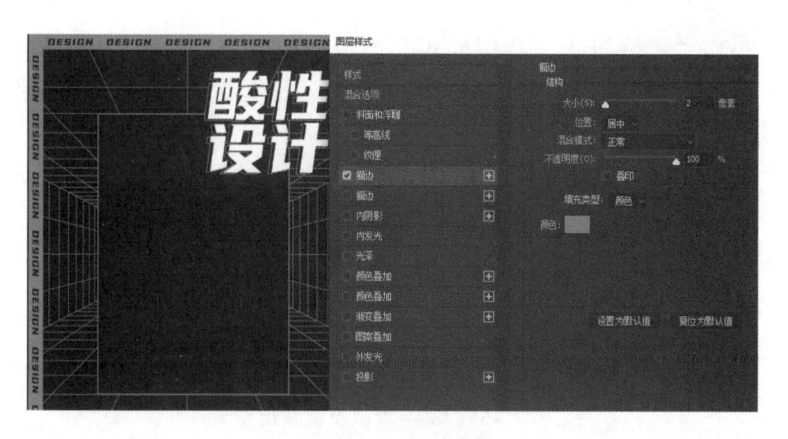

图 2 – 84　文字参数调整

图 2 – 85　链接图层

（13）选择文字工具，输入文案“CONSEQUENTIAL”，调整字体大小，并居中对齐，如图 2 – 86 所示。按 Ctrl + L 组合键选择复制图层。颜色填充为 0。双击图层，进入“图层样式”面板，添加描边，如图 2 – 87 所示。

图 2 – 86　文字输入及大小位置调整

图 2 – 87　文字属性调整

(14) 双击另一个图层进入“图层样式”面板，添加描边，在“属性”面板中，设置“填充”为0。同理，另外一个“CONSEQUENTIAL”图层“填充”为0，进行错位调整，如图2-88所示。

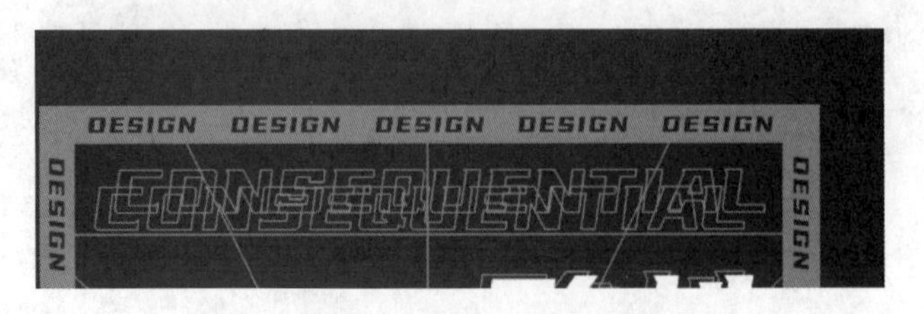

图2-88　文字复制及位置调整

(15) 选择下面的“CONSEQUENTIAL”图层，单击矩形选框工具，如图2-89所示。添加蒙版，如图2-90所示。选中两个“CONSEQUENTIAL”图层，右击，选择“链接图层”，如图2-91所示。

图2-89　使用矩形选框工具

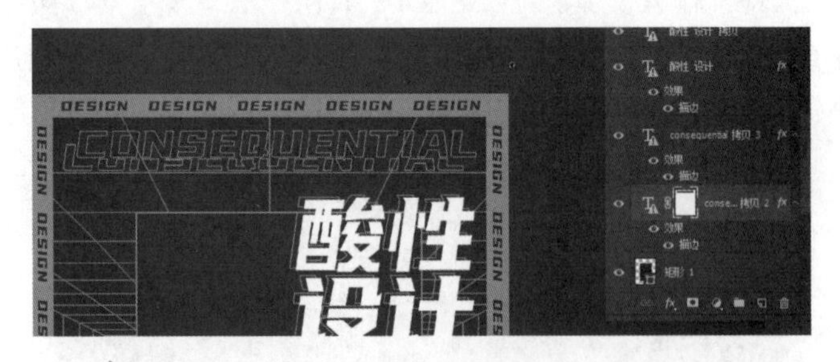

图2-90　添加蒙版

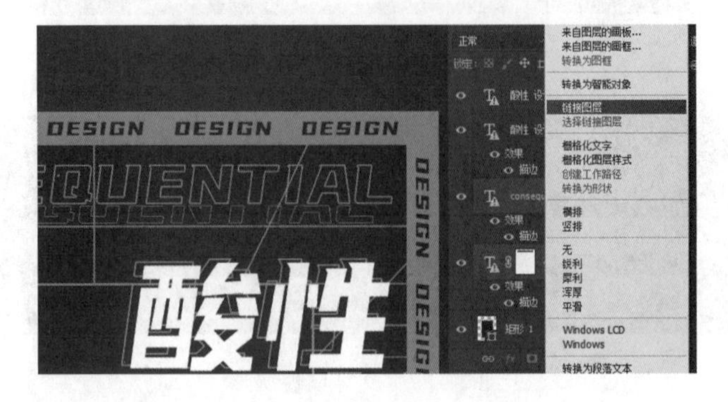

图2-91　文字图层链接

（16）添加宇宙人素材，调整大小及图层顺序。添加投影，如图 2－92 所示。

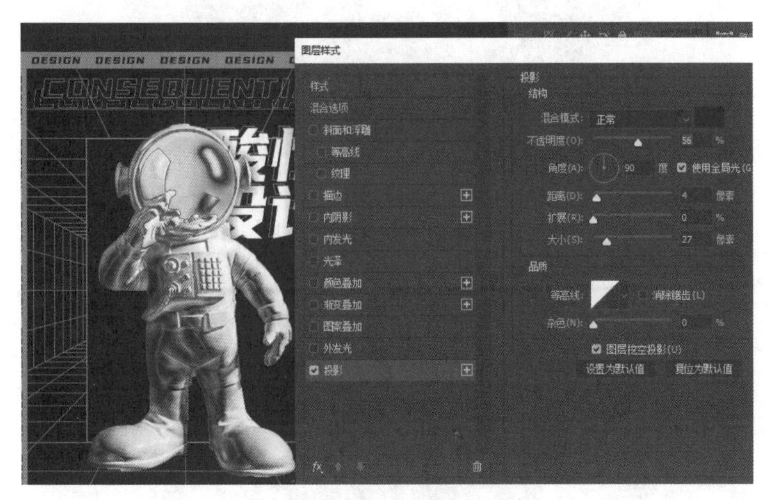

图 2－92　素材参数设置

（17）添加渐变映射，如图 2－93 所示。按住 Alt 键拖动色标条上的锚点即可进行添加，调整整体的色标，如图 2－94 所示。

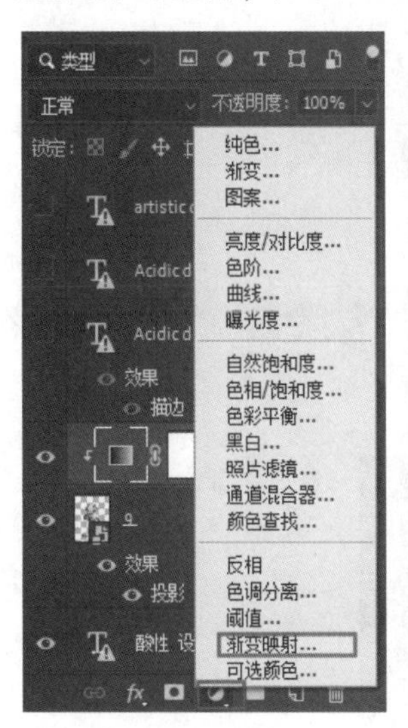

图 2－93　渐变映射

图 2－94　渐变映射参数

（18）单击文字工具添加文案“ACIDIC DESIGN”，调整字体大小及文字间距。按 Ctrl＋J 组合键复制图层，填充为 0，同时选中两个图层，右击，选择“链接图层”。操作步骤同第（12）步，如图 2－95 所示。

（19）单击文字工具，添加文案“ARTISTIC DESIGNING TREND OF FASHION FASHIONABLE AVANT－COURIER THE EXPERIMENTAL STYLE”，调整字体大小及文字间距，摆放到合适的位置，如图 2－96 所示。

图 2－95　添加文字及其参数调整（1）

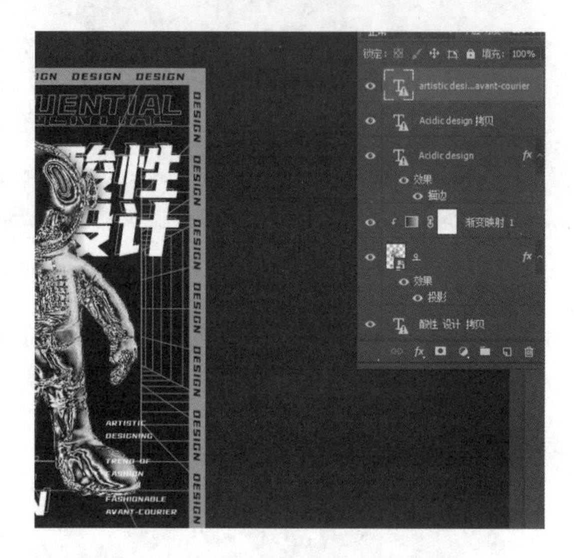

图 2－96　添加文字及其参数调整（2）

（20）拖入素材，调整大小。进行滤色处理，如图 2－97 所示。调整图层位置，放置在背景网格图层下。按 Ctrl＋J 组合键复制素材图层，调整大小。

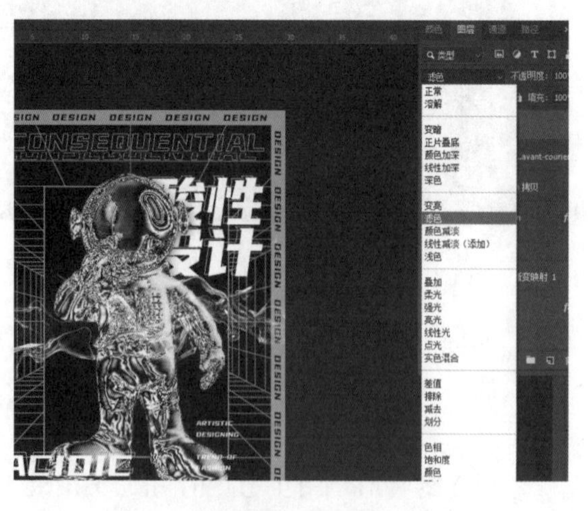

图 2－97　添加素材及类型调整

（21）添加素材，调整大小，将该图层放置在背景图层上方。进行浅色处理，将不透明度调整为 13%，如图 2－98 所示。

图 2－98　素材调整

（22）进行整体的素材位置调整，最终效果如图 2－70 所示。

【拓展实训】

选取一个主题，结合国家的节日、公益宣传设计作品。根据主题设计文案，设计其页面布局，可以提前找好 JPG 或 PSD 素材，素材与题材自选。

效果参考：

本任务的参考效果如图 2－99 所示。

制作要点：

添加素材；填写文案；调整图层样式；对渐变映射进行流体制作；调整整体布局。

图 2－99　拓展参考

项目三

创意设计

创意设计，是把再简单不过的东西或想法不断延伸，所给予的另一种表现方式。创意设计包括工业设计、建筑设计、包装设计、平面设计、服装设计、个人创意特区等内容。设计除了具备“初级设计”和“次设计”因素外，还需要融入“与众不同的设计理念——创意”。

【项目重点】

- 掌握页面尺寸调整方法。
- 掌握填充色、自由变化等工具的使用。

【素养目标】

- 提高设计思路及审美鉴赏能力。
- 对自己的创意有完整、清晰的认知和规划。
- 掌握字体、排版、颜色、图形设计及印刷等方面基础知识。

任务一 设计3D效果

项目名称	任务内容
任务讨论	创意设计，简而言之，它是由创意与设计两部分构成的，是将富有创造性的思想、理念以设计的方式予以延伸、呈现与诠释的过程或结果。那么如何设计才能够使创意更好地体现、更好地吸引人的注意力呢？创意风格怎样表现会更加独特，能够使人明确这是你的独有？ 本任务主要利用自由变换工具制作字母的立体效果。项目案例以交织字母为例，主要通过画面布局、自由变换工具等操作完成。最终效果如图3－1所示。 KEEP YOU RSELF IN A GOOD MOOD 图3－1 最终效果

续表

项目名称	任务内容
知识链接	按 Ctrl + R 组合键调出标尺，打开标尺可拉取上、下、左、右参考线，可将背景三等分；按 Alt + Delete 组合键填充颜色为前景色；按 Ctrl + T 组合键选择自由变换工具，按住 Ctrl 键的同时拖动右上角的锚点对图形进行平行倾斜。
任务要求	1. 通过本任务的学习，了解标尺在布局中使用的重要性。 2. 通过本任务的学习，了解色彩搭配及整体布局的重要性。 3. 需注意整体版面排版的严谨度、美观度。
任务实现	按照任务实现的具体操作步骤进行操作。
任务总结	通过完成上述任务，你学到了哪些知识和技能？
拓展实训	示意图及要求见本任务拓展实训栏目。
课堂笔记	

【任务实现】

（1）新建界面（快捷键 Ctrl + N），命名为“交织字母效果”，宽度为 250 像素、高度为 350 像素，分辨率为 72 像素，颜色模式为 RGB，单击“创建”按钮，如图 3 - 2 所示。

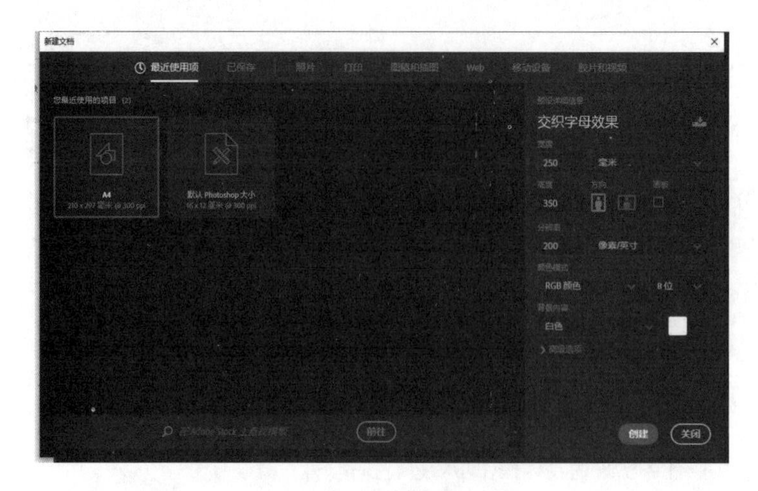

图 3－2　新建界面

(2) 新建图层，设置前景色为蓝色，色值为（R：1，G：135，B：196），按 Alt＋Delete 组合键填充背景颜色，如图 3－3 所示。

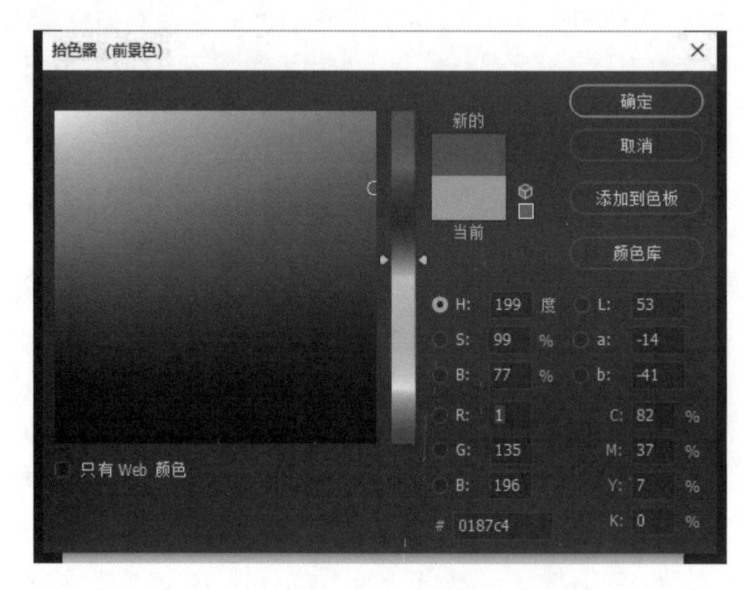

图 3－3　背景颜色设置

(3) 按 Ctrl＋R 组合键调出标尺，拉取上、下、左、右参考线及将背景三等分，如图 3－4 所示。绘制选区，新建图层，按 Alt＋Delete 组合键填充为白色，如图 3－5 所示。

(4) 按住 Alt 键拖动该图层，复制该图层。使用自由变换工具，把鼠标移动到上边中心锚点，拖动缩小高度。

(5) 在复制该图层时，使用自由变换工具，右击，选择“顺时针旋转 90°”，缩小宽度，放到合适的位置，如图 3－6 所示。

(6) 把这三个图层编组，使用自由变换工具，按住 Ctrl 键的同时拖动右上角的锚点对图形进行平行倾斜，如图 3－7 所示。

（7）复制该组，单击右键，选择“合并组”选项，按住 Ctrl 键的同时单击该图层，获取图形选区，填充为黑色，并按照上述方法进行右倾斜，图层放置在白色图层下方，并移动到合适的位置，如图 3 – 8 所示。

（8）剩余的其他形状按照上述方法一一绘制出来即可，然后调整到合适的位置，如图 3 – 9 所示。

（9）在右下角输入文字，选择文字工具，输入“KEEP YOU RSELF IN A GOOD MOOD”，微软雅黑，字号 8 点，移动到合适位置。最终效果如图 3 – 1 所示。

图 3 – 4　标尺设置

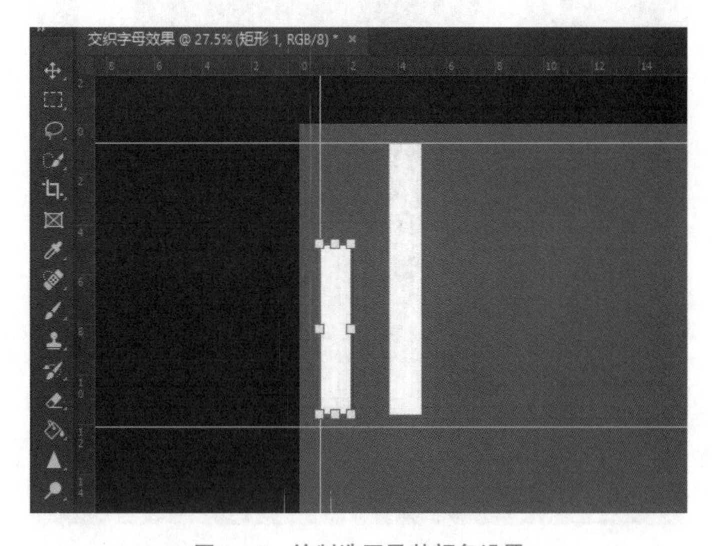

图 3 – 5　绘制选区及其颜色设置

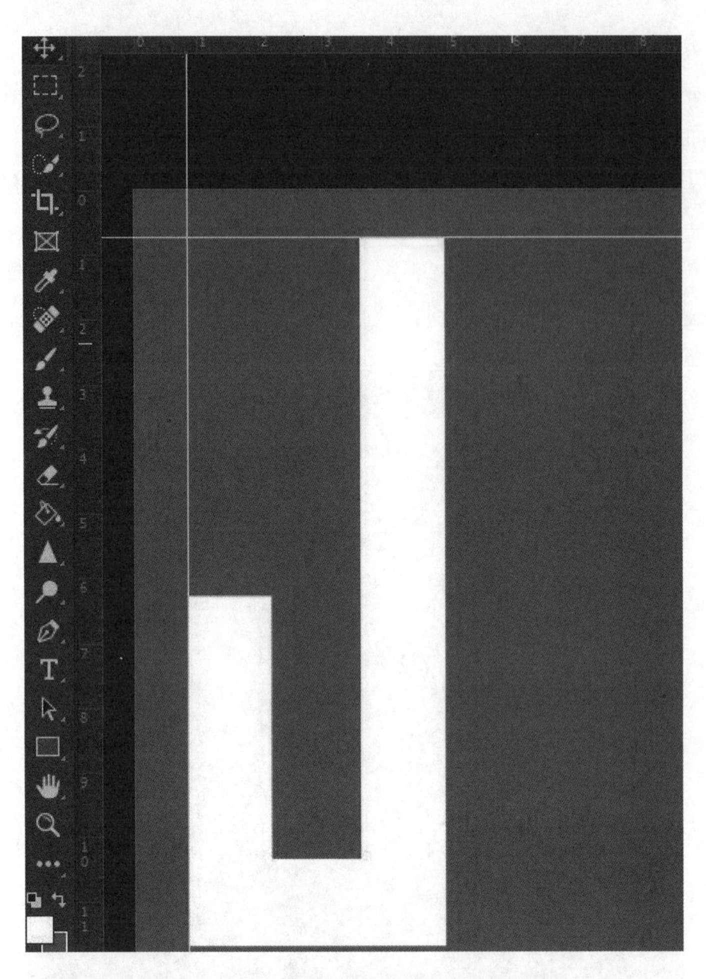

图 3－6　复制图层及调整

图 3－7　自由变换

图 3-8　变换图层角度及颜色调整

图 3-9　形状调整

【拓展实训】

选取一个主题，制作并设计3D效果作品。根据主题设计文案，设计其页面布局，可以提前找好JPG或PSD素材。

效果参考：

本任务的参考效果如图3－10所示。

制作要点：

使用钢笔工具勾出花瓣，剩下的花瓣直接移动复制、调整大小、添加投影。

图3－10　拓展效果

任务二　运动装备 Banner

项目名称	任务内容
任务讨论	接到Banner设计需求后，要根据需求方提供的主题内容、品牌风格、投放平台尺寸等关键信息提取出设计风格的走向。那么创意风格怎样表现会更加独特？Banner的风格有哪些？版式有哪些？从布局来看，文案与配图之间有哪些排版方式？什么样的构图更加吸引人的关注？ 本任务主要利用自由变换工具制作Banner的立体效果。项目以运动装备Banner为例，主要通过画面布局、自由变换工具等操作完成。最终效果如图3－11所示。 图3－11　最终效果
知识链接	栅格化就是把矢量图变为像素图，栅格化后，放大图像会发现出现锯齿，说明已经变为像素图，一格一格就是一个个像素。可以重新编辑，如更改内容、字体、字号等。缺点是无法使用PS中的滤镜工具，因此，使用栅格化命令将文字栅格化，可以制作更加丰富的效果。方法是选择“图层”→“栅格化”，这样就可以制作出样式多样、漂亮的文字。

续表

项目名称	任务内容
任务要求	1. 通过本任务的学习，了解栅格化使用的重要性。 2. 通过本任务的学习，了解布局的重要性。 3. 需注意整体版面排版的严谨度、美观度。
任务实现	按照任务实现的具体操作步骤进行操作。
任务总结	通过完成上述任务，你学到了哪些知识和技能？
拓展实训	示意图及要求见本任务拓展实训栏目。
课堂笔记	

【任务实现】

（1）新建一个宽度为990像素，高度为590像素，分辨率为72像素的画布，如图3－12所示。名称修改为“运动装备动感banner”。

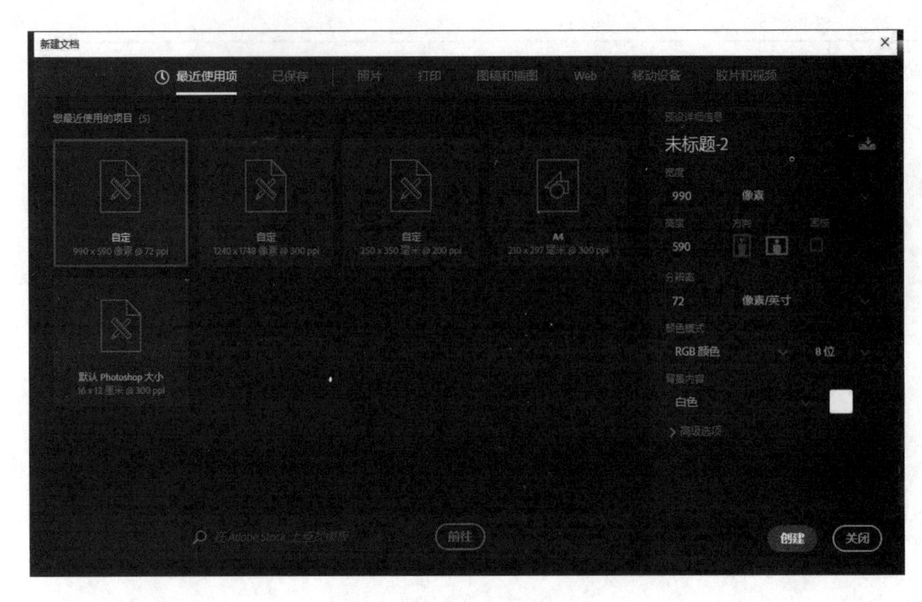

图 3－12　新建画布

（2）按 Ctrl + R 组合键调出标尺，拖动左右两边的参考线，单击“图像”→“画布大小”，画布的宽度修改为 1 920 像素，单击“确定”按钮，如图 3－13 所示。

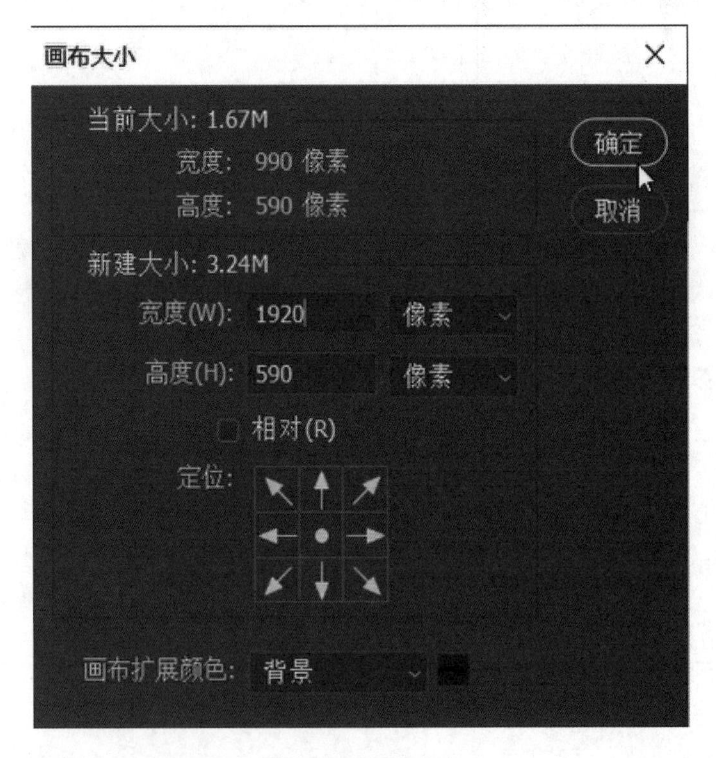

图 3－13　画布大小

（3）新建图层，选择使用“多边形套索”工具来绘制左边的墙面，填充为渐变，渐变模式为镜像渐变，渐变颜色为灰色到浅灰色，如图 3 - 14 所示。

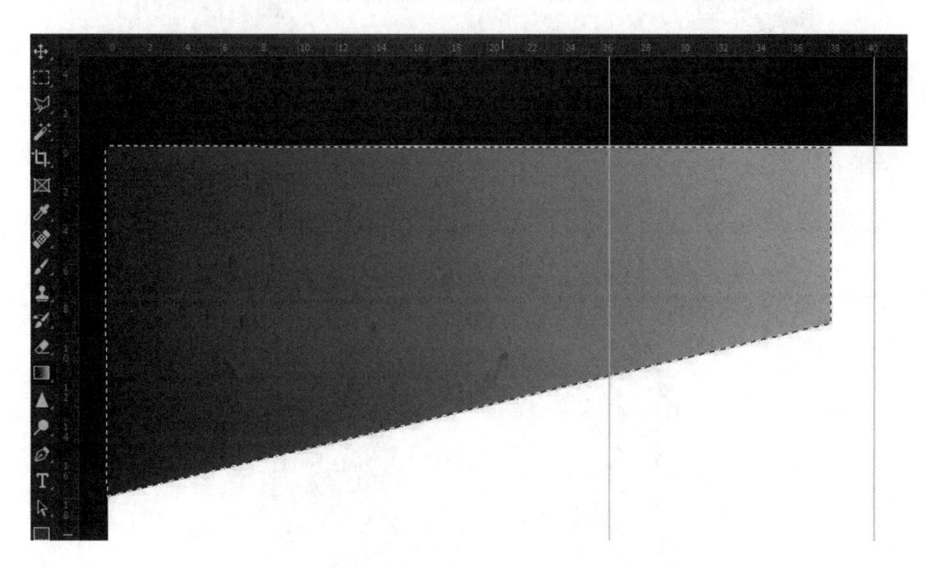

图 3 - 14　套索绘制及颜色填充

（4）新建图层，创建第二个墙体的颜色，同样使用“多边形套索”工具绘制出墙体形状，填充渐变颜色，灰色第一个色值调整为（R：189，G：189，B：189），第二个为（R：197，G：197，B：198），第三个不变，渐变模式为线性渐变，填充渐变色从上到下垂直拉，如图 3 - 15 所示。

图 3 - 15　套索工具绘制及填充

（5）新建图层，把图层移动到最下边，绘制最右边的墙面，直接填充渐变颜色拉伸，如图 3 - 16 所示。

（6）如果接缝处不明显，可以用“多边形套索”工具绘制一个小高光，选区填充为白色，不透明度为 30%，填充不透明度为 58%，单击“滤镜”→“模糊”→“高斯模糊”，设置半径为 2. 3，这样一个空间感就绘制完成了，如图 3 - 17 所示。

（7）把素材人物拖动到 Photoshop 中，新建图层并移动到人物的下边，选中画笔工具，笔触大小设置为 27 像素，虚化笔触，颜色比背景颜色深一些，绘制投影部分，如图 3 - 18 所示。

图 3-16　墙面绘制

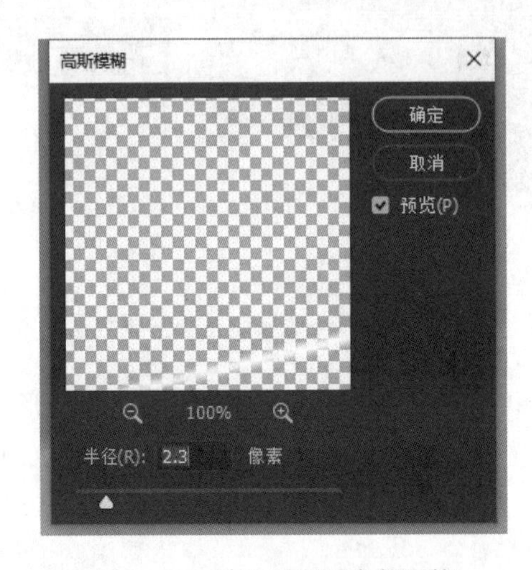

图 3-17　高光绘制及参数调整

图 3-18　绘制阴影

(8) 新建图层，选择“椭圆选框工具”绘制椭圆形，填充颜色稍微重一些（R: 119, G: 119, B: 119)，单击“滤镜”→“模糊”→“高斯模糊”，设置半径为 8，人物剪影的效果就完成了，如图 3-19 所示。把之前做的图层选中，单击“创建新组”进行编组。

(9) 绘制文字，选择文字工具，输入“S”，字体为微软简粗黑，大小为 150 像素，移动

图 3－19　阴影效果

到合适位置，按 Ctrl＋T 组合键进行长短的拉伸。复制文字图层“S”，右击，选择“栅格化文字”，找到人物图层，按住 Ctrl 键，单击人物图层获取人物选区，把“S”文字图层隐藏，选中栅格化后的“S”图层，使用橡皮擦工具擦掉部分文字，获得想要的效果，如图 3－20 所示。

图 3－20　S 文字效果

（10）把“S”图层使用文字工具修改为 P，移动到相应的位置。重复“S”的制作方法，完成文字“P”“O”“R”“T”的制作。绘制完成后，对所做文字进行编组，如图 3－21 所示。

图 3－21　文字效果

（11）制作广告语。选择文字工具，输入“奔跑 喝彩”，颜色设置为偏深色（R：57，G：57，B：57），大小为 72 像素，使用“自由变化工具”（Ctrl＋T），按住 Ctrl 键拖动右上角锚点，调整字体倾斜度与地面水平，如图 3－22 所示。

图 3-22 文字设置

(12) 复制该图层，修改文字为“运动装新上市”，文字大小调整为 36 像素，字体为“微软雅黑”。再用钢笔工具绘制一个线条，描边为 2 像素。复制该文字图层，修改为“RUNNING GO OUT”，大小为 14 像素，加粗，色值为（R：24，G：24，B：24）。再复制该图层，修改为“SPORTSWEAR NEW LISTING”，调整好位置，如图 3-23 所示。使用椭圆工具绘制圆点，放在“奔跑”与“喝彩”中间。

图 3-23 文字布局及参数调整

(13) 按 Ctrl+S 组合键保存文件。最终效果如图 3-11 所示。

【拓展实训】

选取一项主题，结合 Banner 效果设计作品。根据主题设计文案，设计其页面布局，可以提前找好 JPG 或 PSD 素材。

效果参考（图 3-24）：

图 3-24 拓展效果

制作要点：

根据页面大小创建选区；利用标尺定好边缘线；添加素材；填写文案；调整整体布局。

任务三　液体溅落数字效果

项目名称	任务内容
任务讨论	设计是有目的的策划，在平面设计中，需要用什么样的视觉元素来传播自己的设想和计划，使用什么样的文字和图形把信息传达给大众，这都是设计中需要考虑的因素。一个视觉作品的生存底线，应该看它是否具有感人的能量，是否顺利地传达出背后的信息。 本任务主要利用自由变换工具制作数字的溅落效果。项目案例以液体溅落效果为例，主要通过画面布局、自由变换、滤镜工具等操作完成。最终效果如图 3 – 25 所示。 图 3 – 25　最终效果
知识链接	图层蒙版是在当前图层上面覆盖一层玻璃片，这种玻璃片有透明的、半透明的、完全不透明的，图层蒙版是 Photoshop 中一项十分重要的功能。执行"图层"→"图层蒙版"→"显示全部"或者"隐藏全部"，也可以为当前图层添加图层蒙版。"隐藏全部"对应的是为图层添加黑色蒙版，效果为图层完全透明，显示下面图层的内容。"显示全部"就是完全不透明。
任务要求	1. 通过本任务的学习，了解图层蒙版使用的重要性。 2. 通过本任务的学习，了解使用套索及抠图的重要性。 3. 需注意整体版面排版的严谨度、美观度。
任务实现	按照任务实现的具体操作步骤进行操作。
任务总结	通过完成上述任务，你学到了哪些知识和技能？
拓展实训	示意图及要求见本任务拓展实训栏目。

续表

项目名称	任务内容
课堂笔记	

【任务实现】

（1）新建文档（快捷键 Ctrl + N），宽度设置为 1 240 像素、高度设置为 1 780 像素，分辨率为 300 像素，颜色模式为 RGB，单击“创建”按钮，如图 3 – 26 所示。

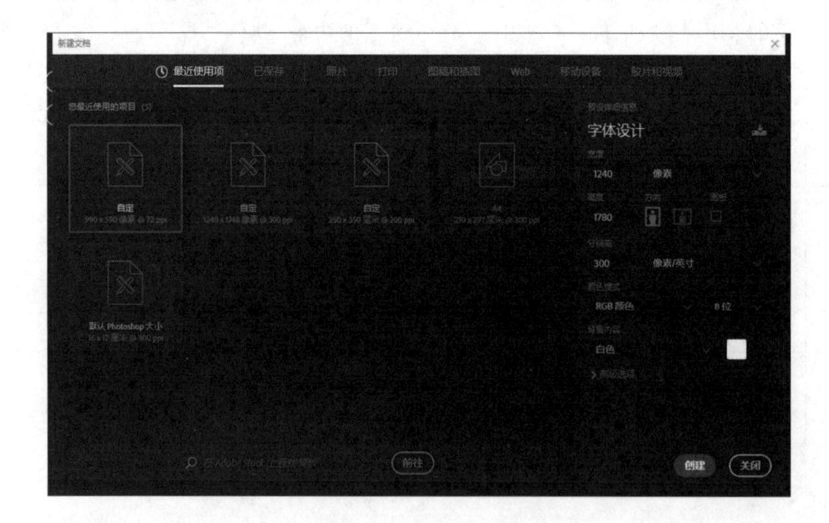

图 3 – 26　新建文档

（2）选择文字工具，输入数字“27”，字体为“思源黑体”，字号为“181 点”，颜色填充为（R：199，G：198，B：198），如图 3 – 27 和图 3 – 28 所示。

（3）复制图层“27”，填充为黑色。色值为（R：0，G：0，B：0），按 Alt + Delete 组合键填充前景色。在该图层右击，选择“混合选项”下的“斜面和浮雕”，设置参数，如图 3 – 29 所示。

（4）继续设置数字“27”图层斜面和浮雕效果，方法如上。参数设置如图 3 – 30 所示。

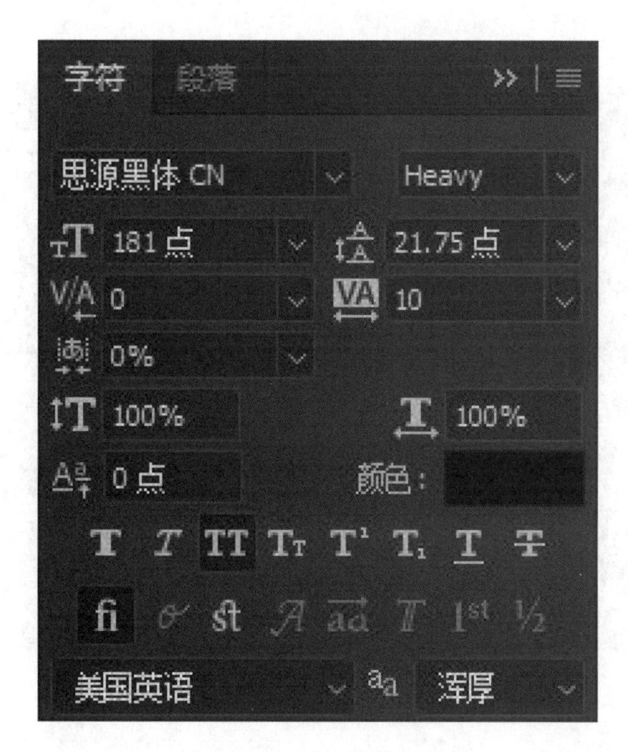

图 3－27　文字参数设置

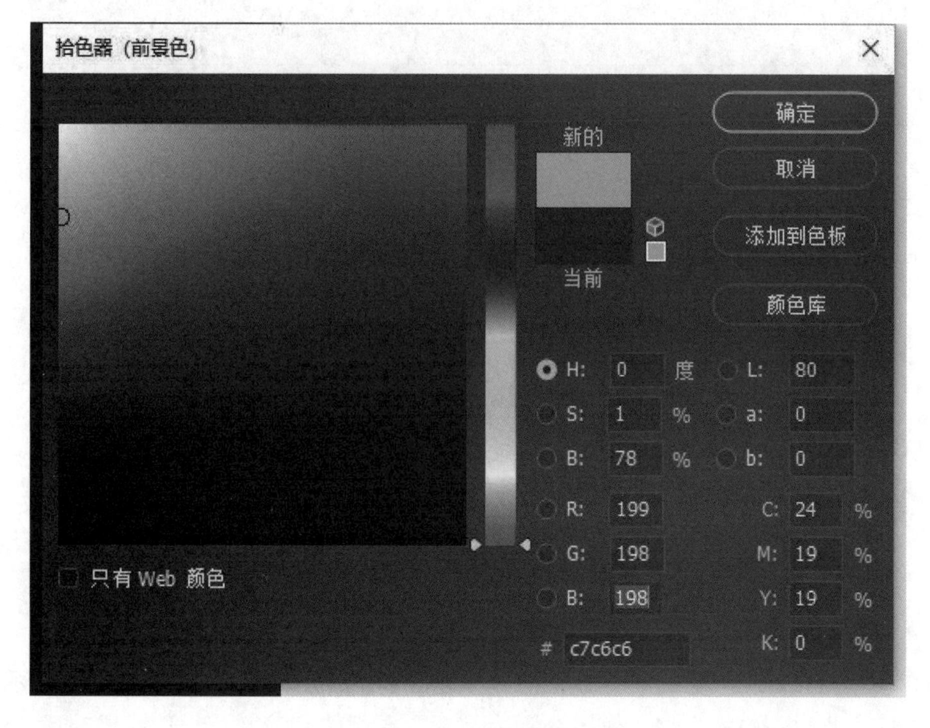

图 3－28　文字参数

（5）复制图层“27 拷贝”，并在新复制的图层处右击，选择“栅格化图层”，选择橡

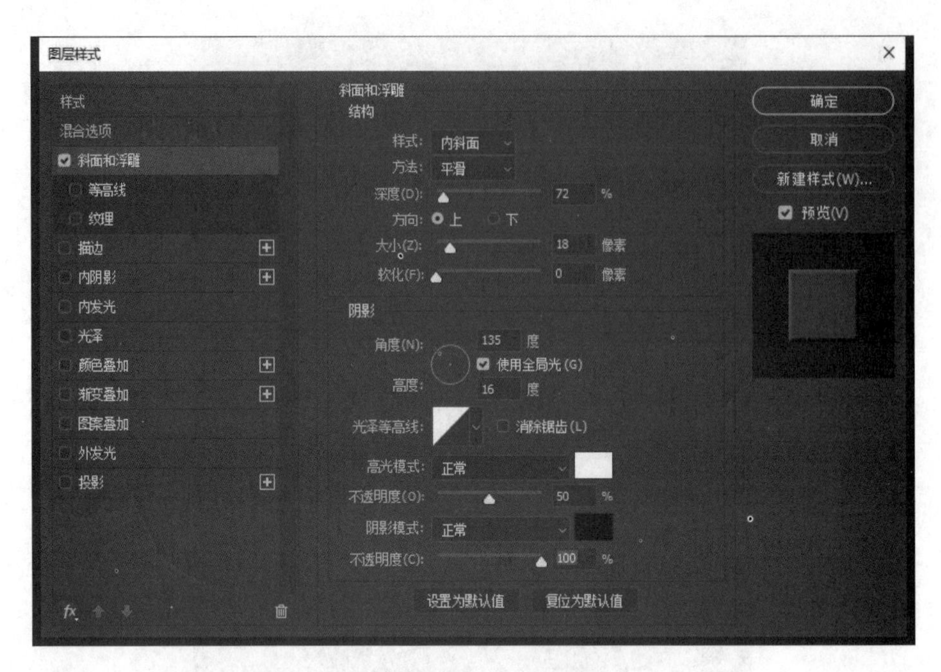

图 3－29　复制图层斜面和浮雕参数设置

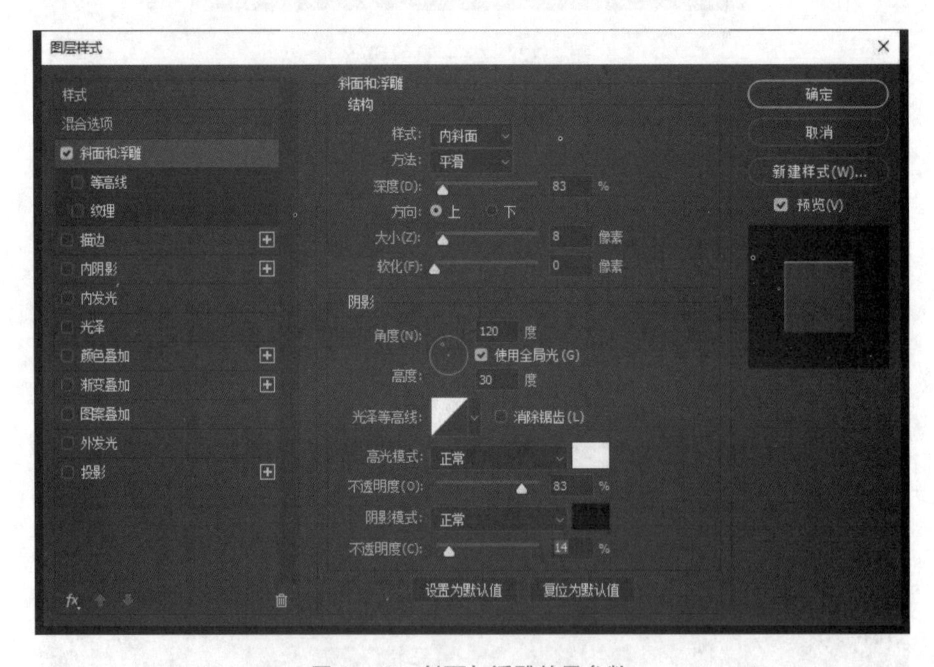

图 3－30　斜面与浮雕效果参数

皮擦工具，设置参数，如图 3－31 所示。

（6）使用橡皮擦工具对图层“27 拷贝 2”进行下半部分的擦除，如图 3－32 所示。

（7）拉入素材包中的素材，使用套索工具选取要用的水滴部分，选择成功后，使用移动工具将其移动到设计图中，如图 3－33 所示。

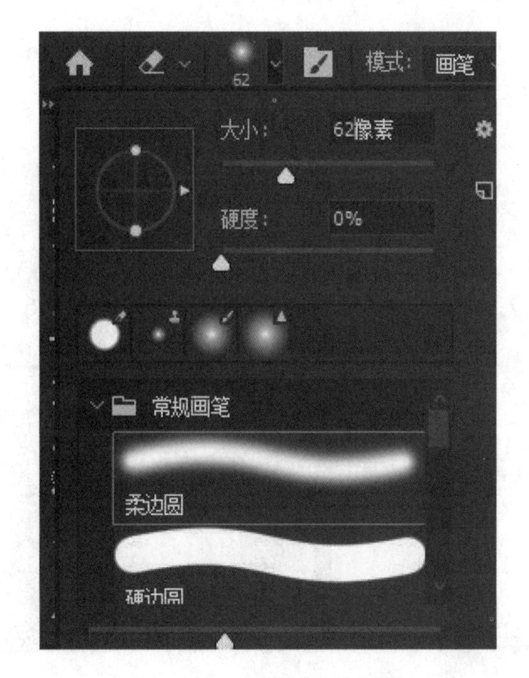

图 3－31　橡皮擦参数设置

图 3－32　橡皮擦除效果

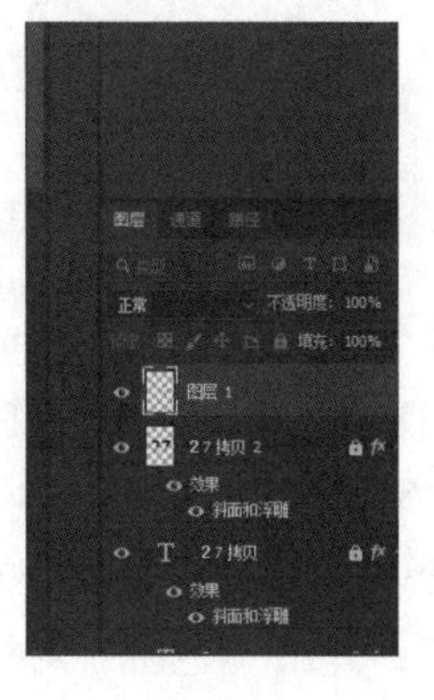

图 3－33　素材导入

（8）把素材包中的其他素材全部拉入 PS 中，使用套索工具依次截取所需的水滴，然后使用移动工具将其拉入设计图中，如图 3－34 和图 3－35 所示。

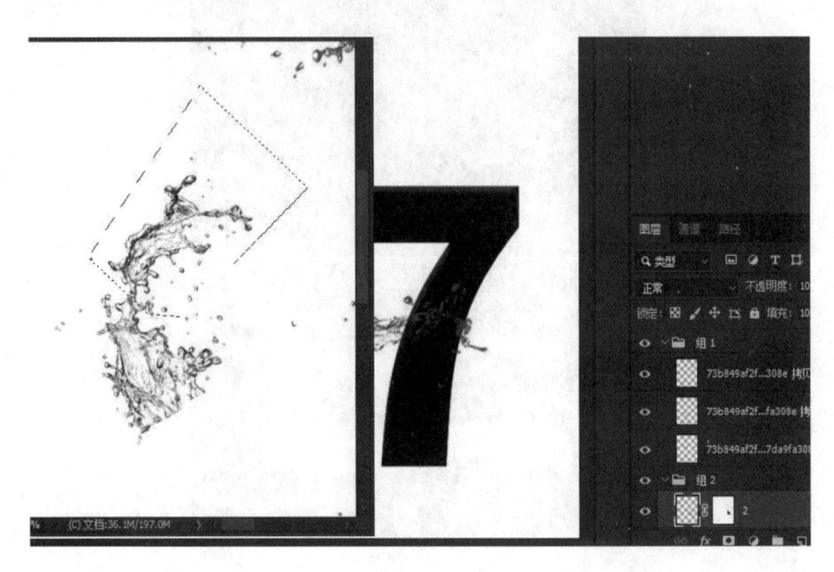

图 3－34　截取所需素材

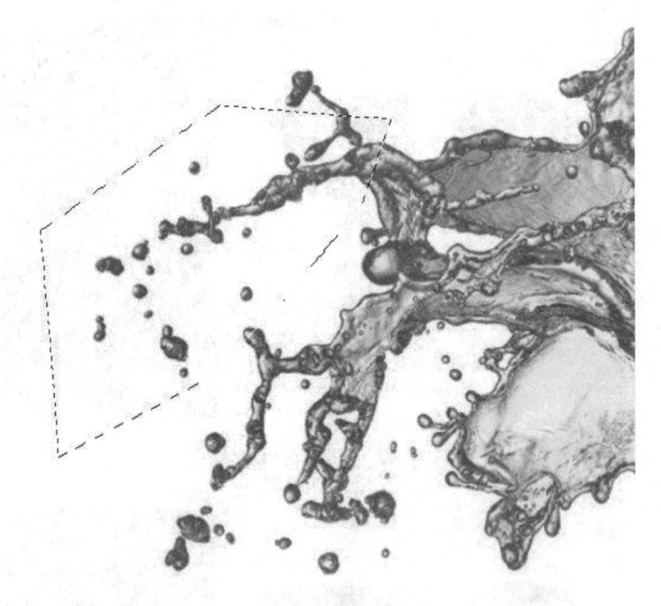

图 3－35　截取素材

（9）把牛奶素材打开，把图层“milk_70”“milk_16”“milk_69”拉入设计图中，依次对拉入的素材图层使用自由变换工具（Ctrl＋T），等比例缩放到合适的大小，并移动到合适的位置，如图 3－36 所示。

（10）调整好各个素材的位置大小之后，调整图层“milk_16”的色阶。单击“图像”→“调整”→“色阶”，弹出“色阶”对话框。调整色阶参数，如图 3－37 所示。

图 3－36　素材调整

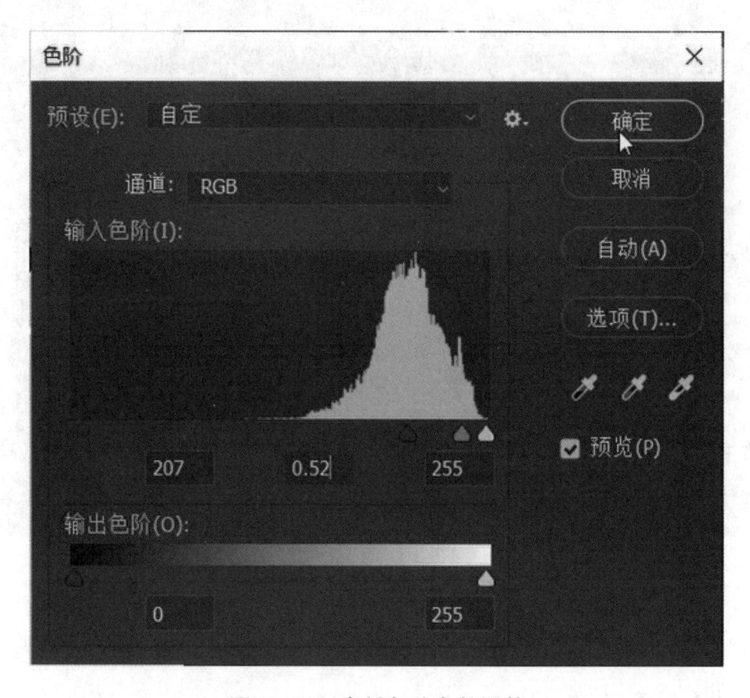

图 3－37　素材色阶参数调整

(11) 调整图层“milk_70”的亮度及对比度：单击“图像”→“调整”→“亮度/对比度”，参数设置如图 3-38 所示。

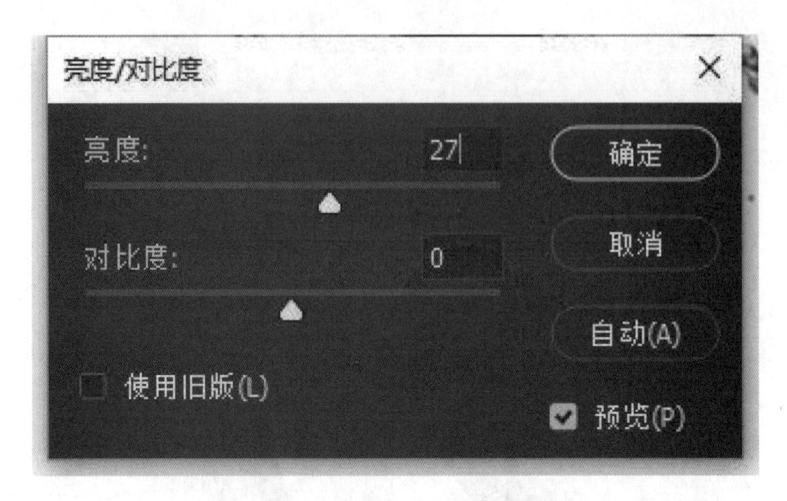

图 3-38　素材亮度和对比度参数调整

(12) 调整图层“milk_70”的曲线。调出曲线：单击“图像”→“调整”→“曲线”。调整曲线参数，如图 3-39 所示。

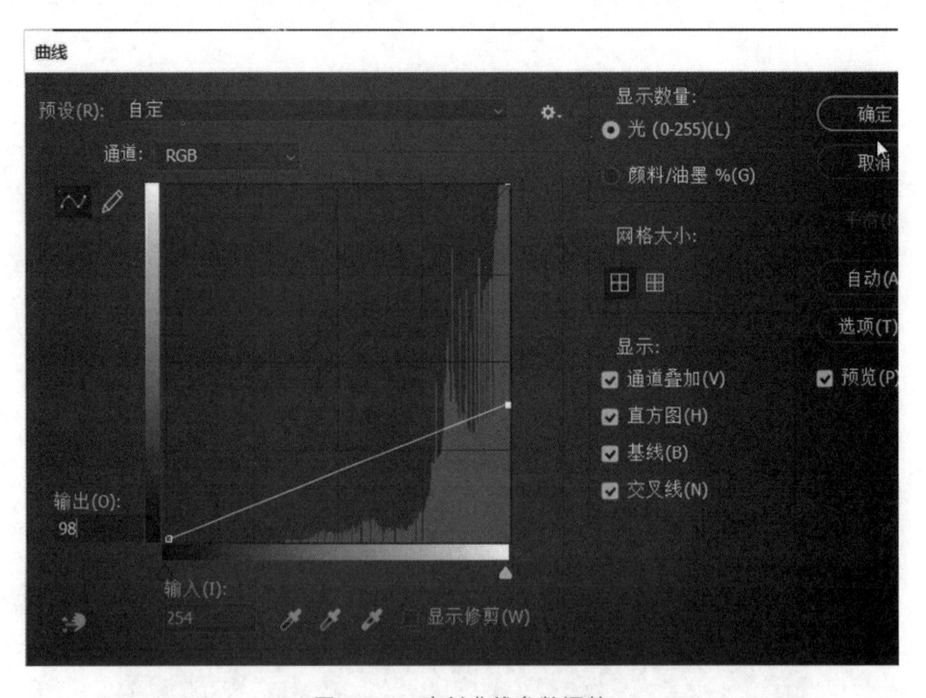

图 3-39　素材曲线参数调整

(13) 调整图层“milk_70”的色阶。调出色阶：单击“图像”→“调整”→“色阶”。调整色阶参数，如图 3-40 所示。

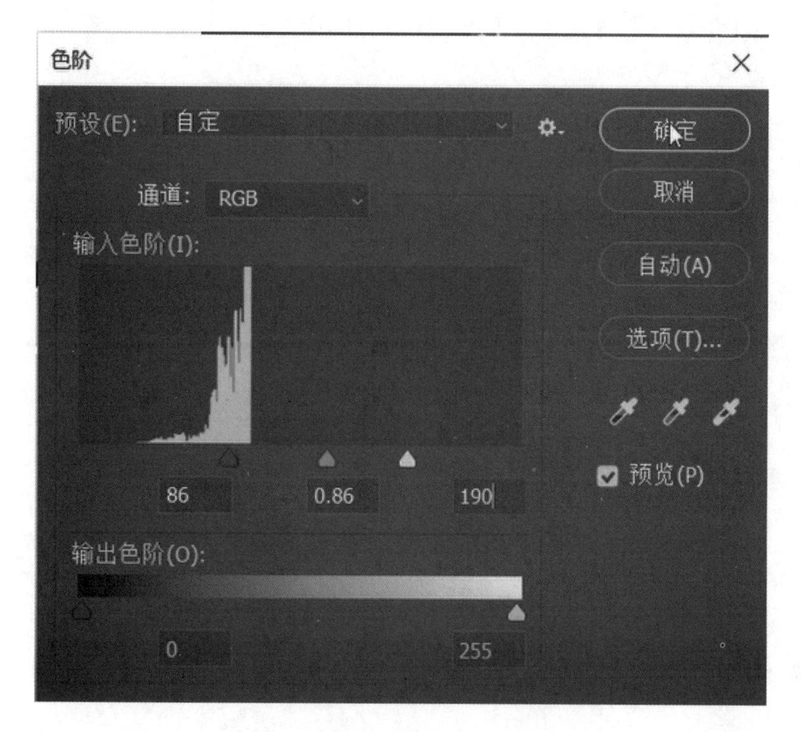

图 3－40　素材色阶参数调整

（14）调整图层“milk_69”的曲线。调出曲线：单击“图像”→“调整”→“曲线”。调整曲线参数，如图 3－41 所示，并把该图层调整到合适的位置及大小。

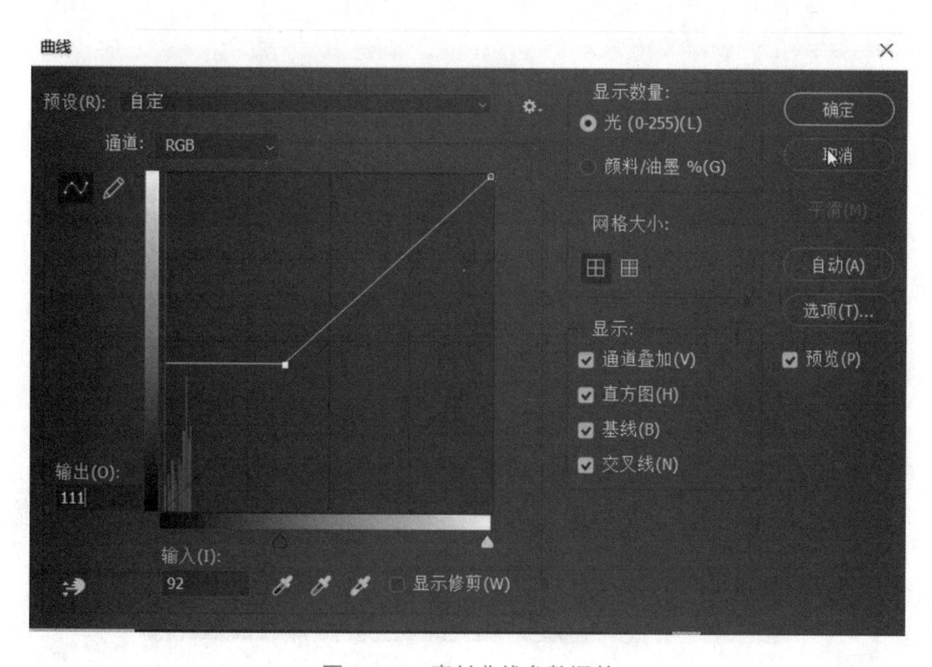

图 3－41　素材曲线参数调整

（15）选中“图层 1”进行去色。去色：单击“图像”→“调整”→“去色”，如图 3－42 所示。

图 3－42　图像去色

（16）调整“图层 1”的色阶。调出色阶：单击“图像”→“调整”→“色阶”。调整色阶参数，如图 3－43 所示

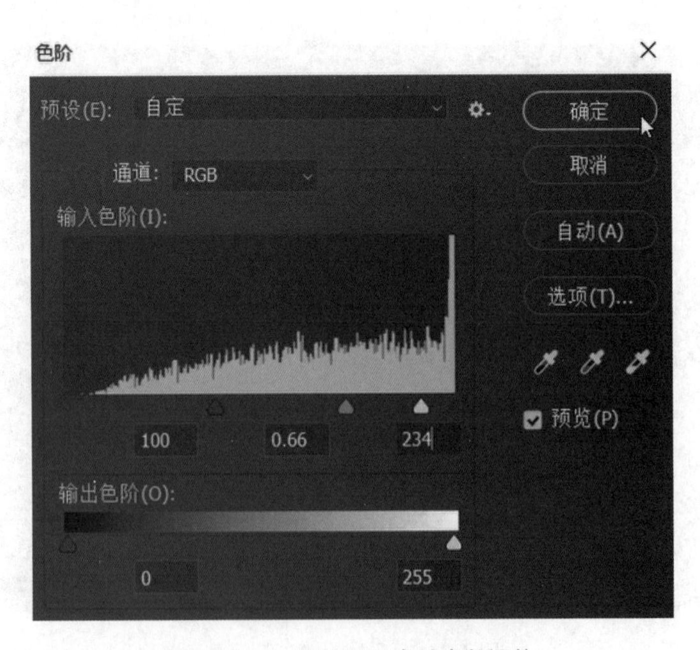

图 3－43　“图层 1”色阶参数调整

（17）调整“图层3”的色阶。调出色阶：单击“图像”→“调整”→“色阶”。调整色阶参数，如图3－44所示。再对“图层3”进行去色：单击“图像”→“调整”→“去色”。

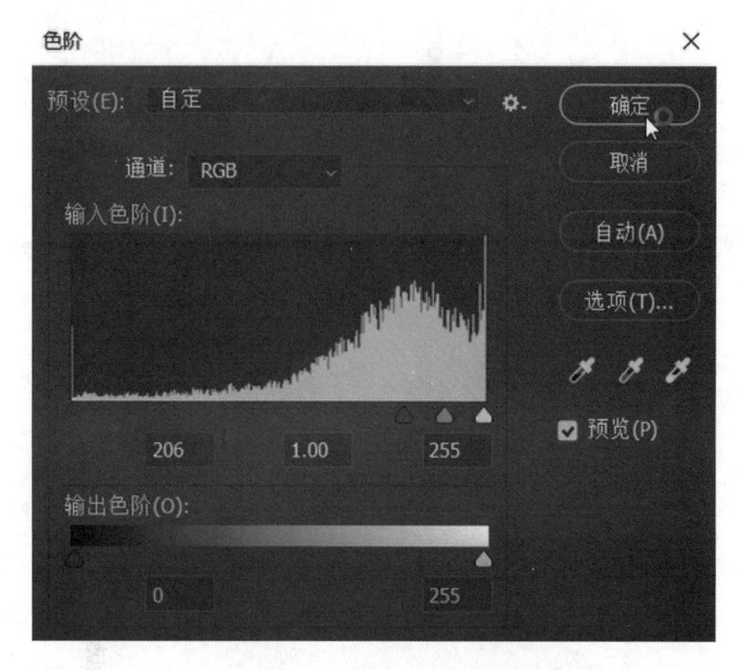

图3－44　“图层3”参数调整

（18）调整“图层2”的色阶。调出色阶：单击“图像”→“调整”→“色阶”。调整色阶参数，如图3－45所示。

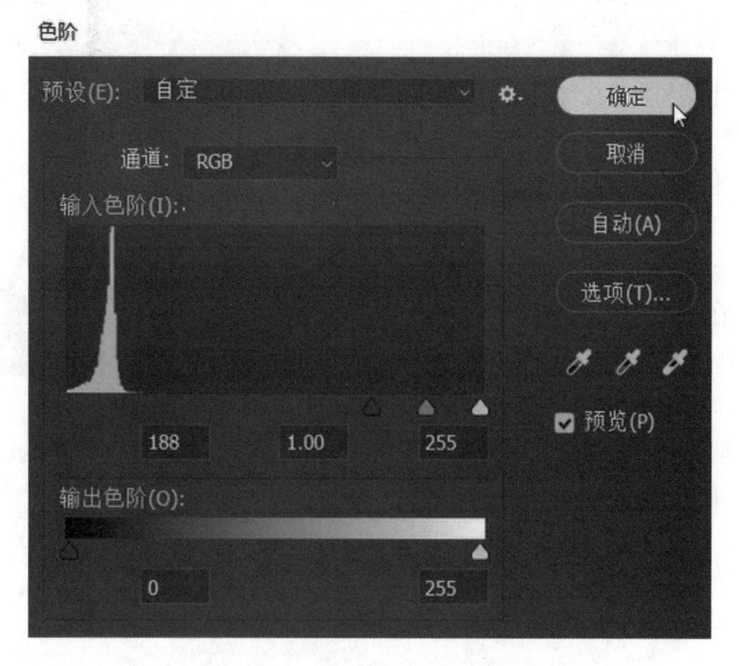

图3－45　“图层2”色阶参数调整

(19) 使用橡皮擦工具将多余部分擦除。对所有水滴进行位置的调整，如图 3－46 所示。

图 3－46　橡皮擦擦除效果

(20) 选择橡皮擦工具，不透明度调整到72%，对“图层1”及“图层3”进行擦除修整。拉入牛奶素材，选中图层“milk_16”，使用多边形套索工具截取上半部分，并拉入设计图中。再把素材中的“milk_69”拉入设计图中，并调整大小放到合适的位置，选中图层“27 拷贝 2”，按住 Ctrl 键单击图层获取该图层选区，右击，选择“反向”，按 Delete 键删除多余的部分。另一个牛奶素材处理方式同上，如图 3－47 所示。

图 3－47　删除多余部分

(21) 调整“图层 4”的亮度：单击“图像”→“调整”→“亮度/对比度”。调整亮度参数，如图 3－48 所示。

图 3-48　亮度参数调整

（22）使用橡皮擦工具擦除图层“27 拷贝 2”，并调整“milk_69”图层亮度，如图 3-49 所示。

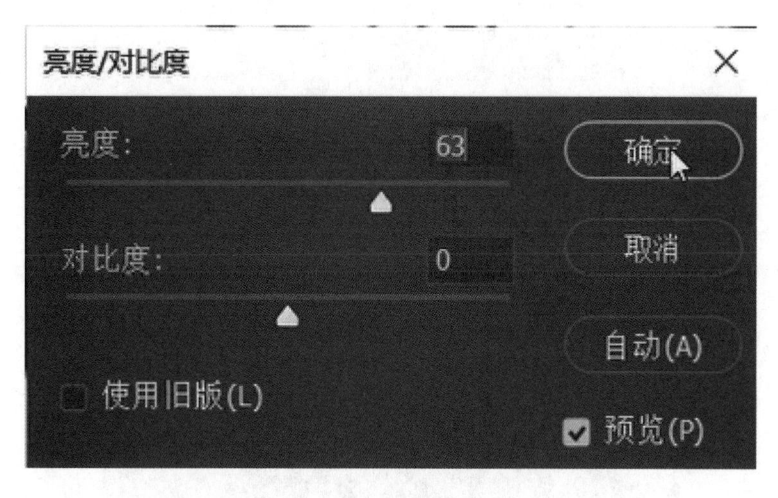

图 3-49　亮度参数调整

（23）选择图层“27 拷贝 3”，按住 Ctrl 键的同时单击该图层，获取该图层选区，选择选区工具，按住 Alt 键获得减选区，获取“27”白色部分选区，如图 3-50 所示。

（24）新建图层，填充颜色为（R：208，G：1，B：93）。复制图层“milk_69”及“图层 4”，把这两个图层移动到“图层 5”上边并把这三个图层合并，获取新图层的选区。新建图层，选择渐变工具，由白到透明进行渐变填充，如图 3-51 所示。

最终效果如图 3-25 所示。

图 3－50　图层减选

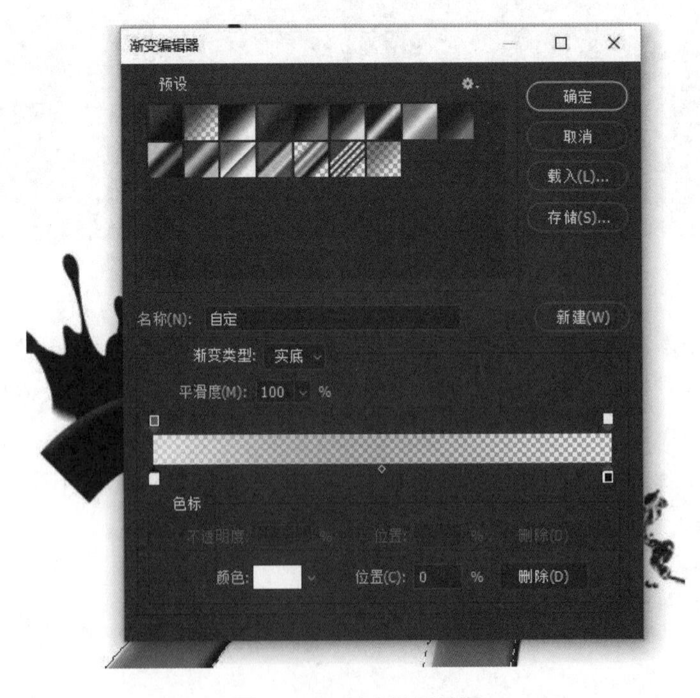

图 3－51　新建图层设置

【拓展实训】

选取一个主题，结合液体溅落效果设计作品。根据主题设计文案，设计其页面布局，可以提前找好 JPG 或 PSD 素材。

效果参考：

本任务的参考效果如图 3－52 所示。

图 3－52　拓展效果

制作要点：

根据页面大小创建文字；图层蒙版和画笔搭配使用；画笔的不透明度需要依据火焰进行调整；要注意火焰和文字形状的搭配。

项目四

图标设计

本项目主要是进行图标设计。图标是一种具有高度概括性的图形化标识，在界面中与文案相互支撑、搭配使用，隐晦或直白地表达内容的具体含义、属性特征、形象气质等丰富的视觉信息。

【项目重点】

- 了解图标的风格分类。
- 了解图标的设计方法。

【素养目标】

- 提高对图标的认知程度。
- 提高对图标的设计能力。
- 提高图标的可识别度、美观度。

任务一 轻拟物图标设计

项目名称	任务内容
任务讨论	拟物风格的图标主要通过细节和光影，根据现实世界中的物品打造出图形立体效果，这非常考验设计师的造型绘制、技法表现能力。这种风格的图标有着极强的代入感，能让用户快速领会图标所传达出的意图及气质。 本任务做一个轻拟物图标，在设计过程中要考虑可识别性及视觉效果。最终效果如图 4－1 所示。 **图 4－1　最终效果**

续表

项目名称	任务内容
知识链接	图层样式：选择需要图层，双击图层进入图层样式，如图 4-2 所示。 图 4-2　图层样式
任务要求	1. 通过本任务的学习，了解图层样式的重要性。 2. 通过本任务的学习，了解图层属性使用的重要性。 3. 需注意整体版面排版的严谨度、美观度。
任务实现	按照任务实现的具体操作步骤进行操作。
任务总结	通过完成上述任务，你学到了哪些知识和技能？
拓展实训	示意图及要求见本任务拓展实训栏目。
课堂笔记	

【任务实现】

（1）新建文档，选择 RGB 模式，单击“创建”按钮，如图 4 - 3 所示。

图 4 - 3　新建界面

（2）进入主界面，将画板下的“图层 1”移至最上方，如图 4 - 4 所示。

图 4 - 4　图层调整

（3）删掉画板，更换背景色，填充渐变颜色，如图 4 - 5 所示。

（4）单击菜单栏中的矩形工具，选用圆角矩形，填充白色。在“属性”面板中调整弧度像素，如图 4 - 6 所示。

（5）按 Ctrl + J 组合键复制“圆角矩形”图层，得到“圆角矩形 1 拷贝”图层。关闭该

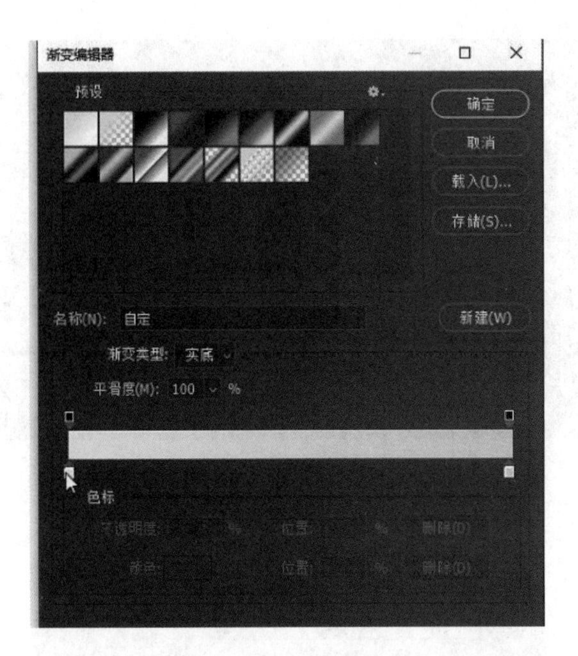

图 4－5　更换背景色

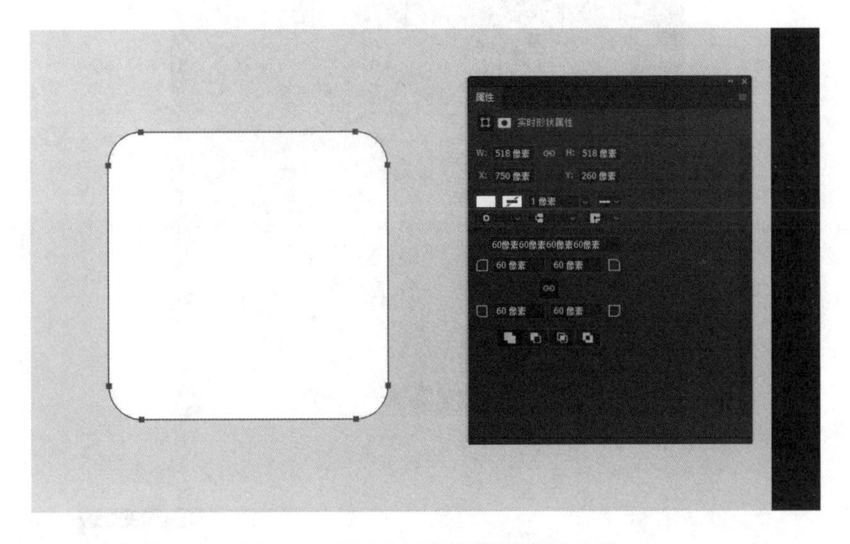

图 4－6　圆角矩形绘制及其参数设置

图层的眼睛，呈不可见状态。回到“圆角矩形 1”图层，在图层样式中添加渐变叠加，如图 4－7 所示。双击颜色条调整颜色，如图 4－8 所示。

（6）添加内发光，调整参数，如图 4－9 所示。添加投影，调整参数，如图 4－10 所示。

（7）打开“圆角矩形 1 拷贝”图层的眼睛，按 Ctrl＋T 组合键进行缩小，如图 4－11 所示。

（8）双击进入“图层样式”面板，添加投影，混合模式改为“正片叠底”，调整参数。此处需要细致地调整进行对比，如图 4－12 所示。投影的颜色参数设置如图 4－13 所示。

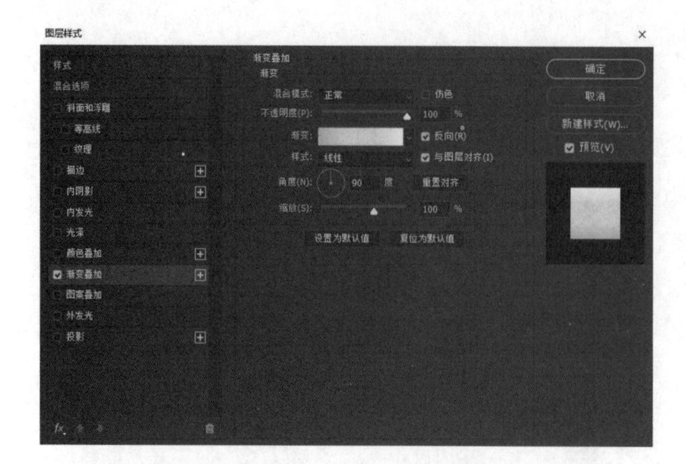

图 4－7　渐变叠加参数设置

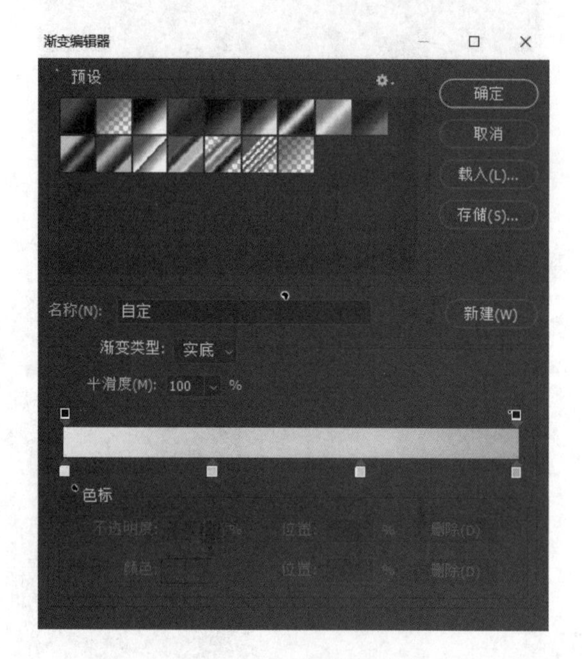

图 4－8　颜色参数设置

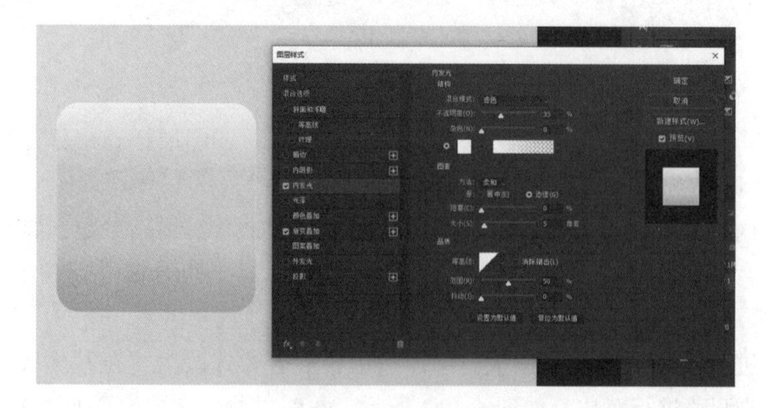

图 4－9　内发光参数设置

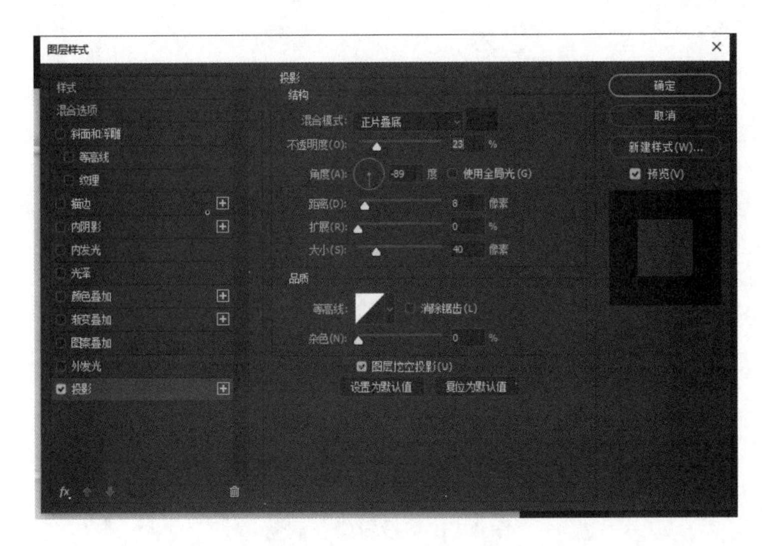

图 4－10　投影参数设置

图 4－11　圆角矩形大小调整

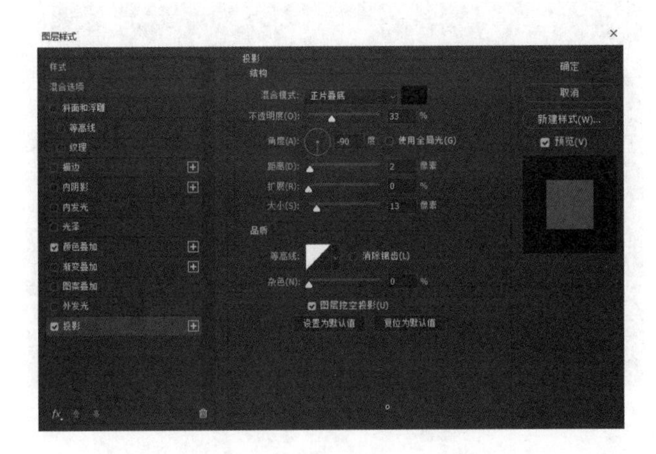

图 4－12　投影参数调整

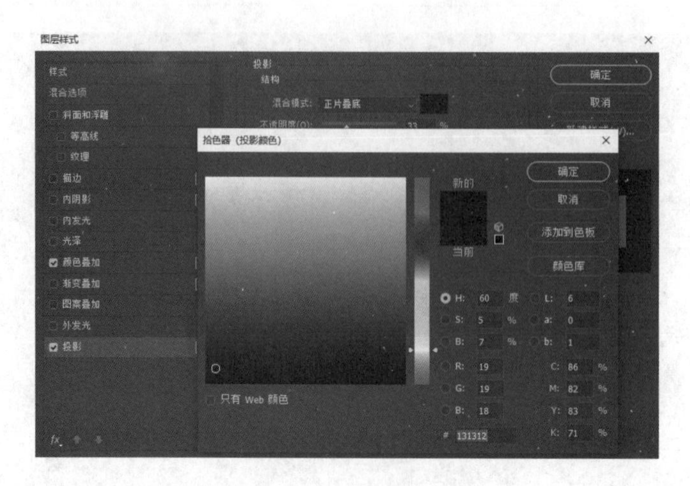

图 4－13　投影颜色调整

（9）添加颜色叠加，调整参数，如图 4－14 所示。颜色叠加的参数如图 4－15 所示。

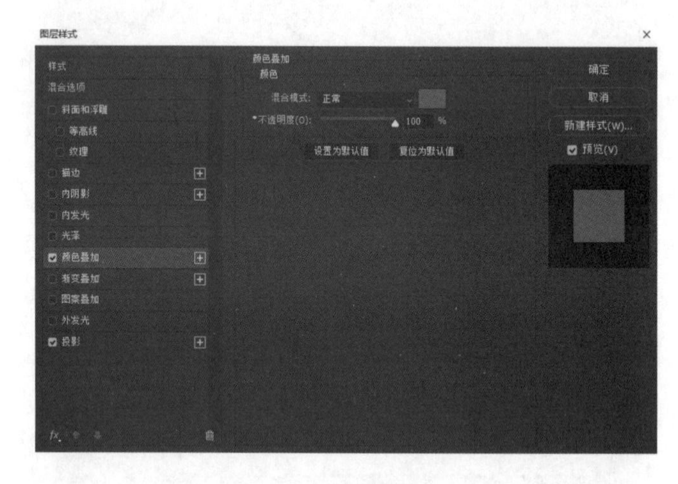

图 4－14　颜色叠加

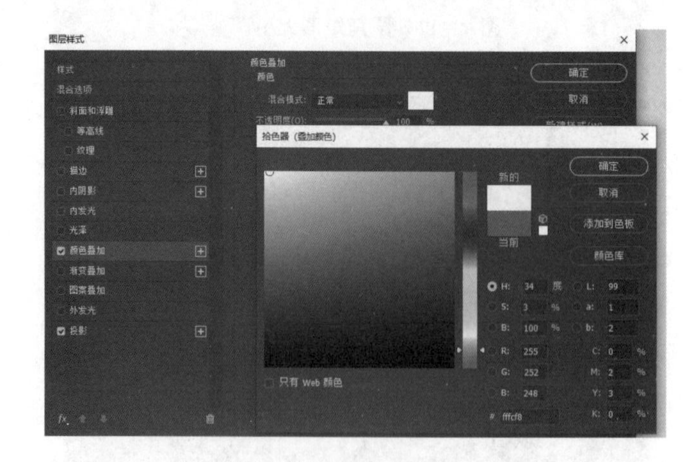

图 4－15　颜色叠加参数

（10）添加内阴影，调整参数，如图 4 – 16 所示。内阴影的颜色参数如图 4 – 17 所示。

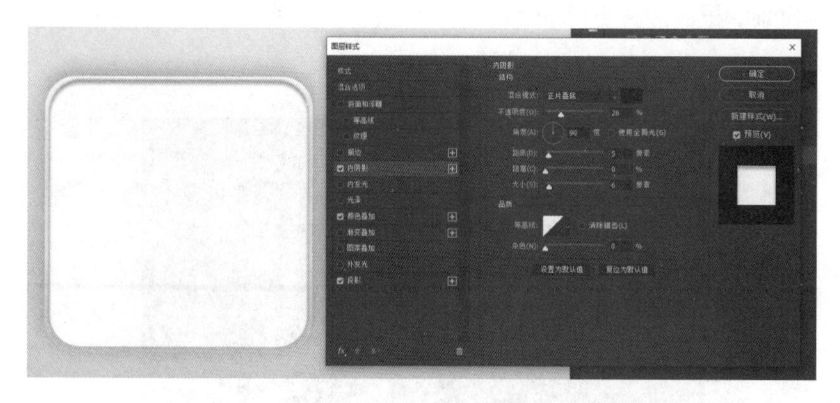

图 4 – 16　内阴影参数调整

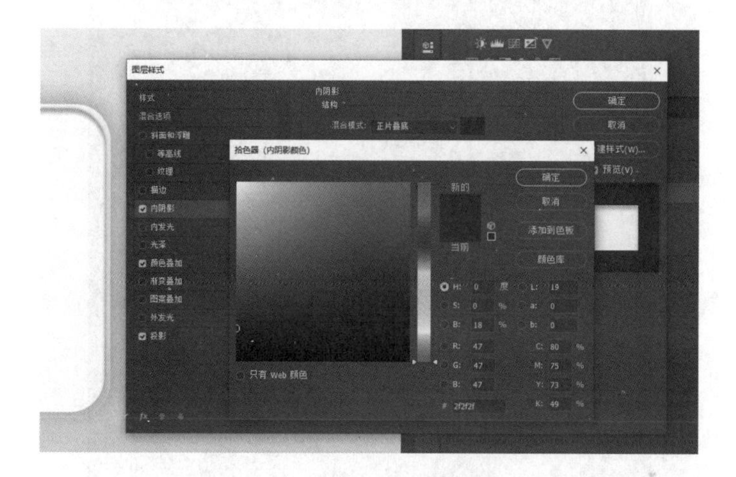

图 4 – 17　内阴影颜色参数调整

（11）调整内圆角矩形的弧度像素，如图 4 – 18 所示。

图 4 – 18　圆角矩形参数调整

（12）复制“圆角矩形 1 拷贝”图层，得到“圆角矩形 1 拷贝拷贝”图层，单击该图层右侧“fx”按钮删除之前的效果，如图 4－19 所示。调整图层顺序，将该图层放置在“圆角矩形 1 拷贝”图层与“圆角矩形 1”图层中间。

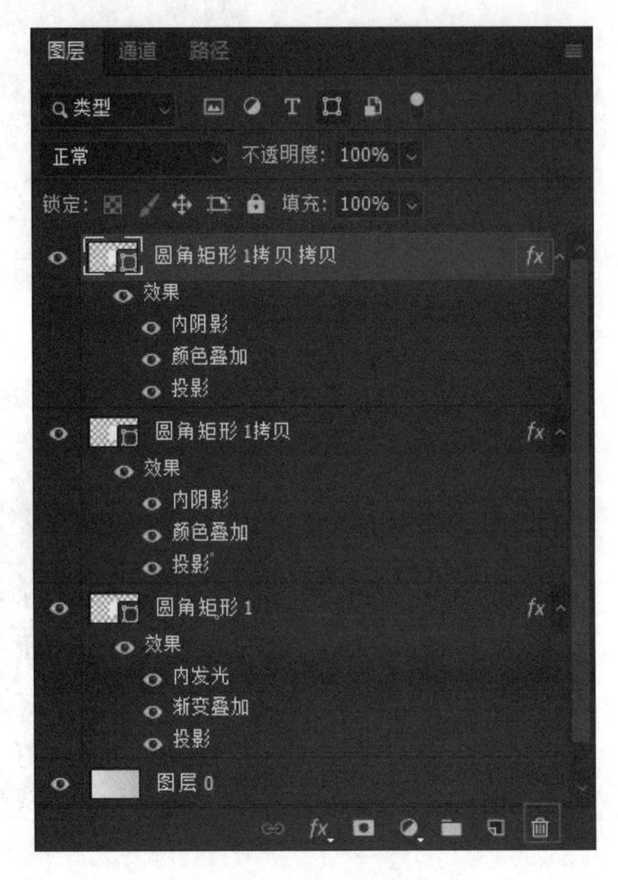

图 4－19　复制图层设置

（13）单击“直接选择工具”，删除多余锚点，连接锚点，如图 4－20 和图 4－21 所示。

图 4－20　直接选择工具状态

图 4－21　锚点删除

（14）单击“添加滤镜”→“模糊”→“高斯模糊”，如图 4－22 所示。移动图形位置，调整参数，如图 4－23 所示。添加蒙版，使用画笔工具将不透明度降低，将硬边过渡不自然的地方擦除，如图 4－24 所示。

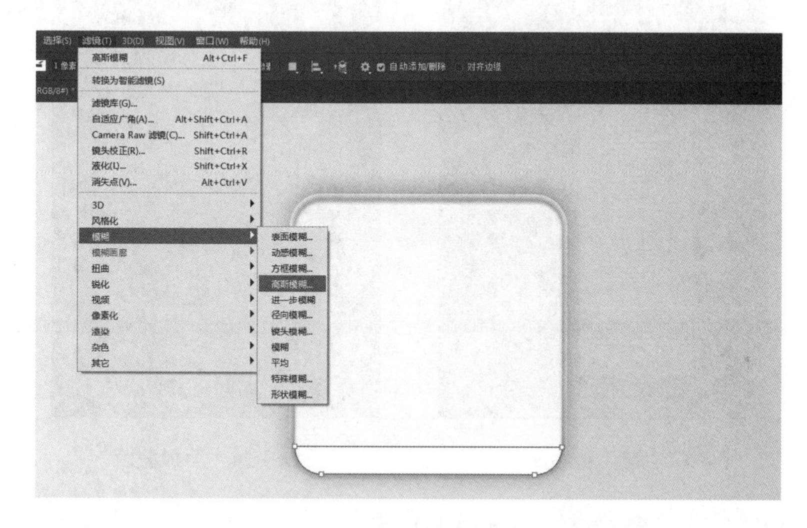

图 4－22　高斯模糊

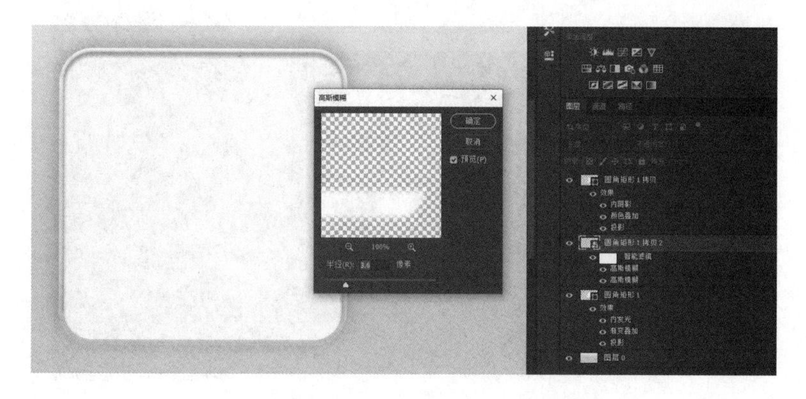

图 4－23　“高斯模糊”参数调整

图 4－24　蒙版参数调整

（15）右击“圆角矩形 1 拷贝”图层，选择“创建图层”，如图 4－25 所示。添加蒙版，如图 4－26 所示。使用画笔工具将投影稍做擦除，形成光影的过渡感。

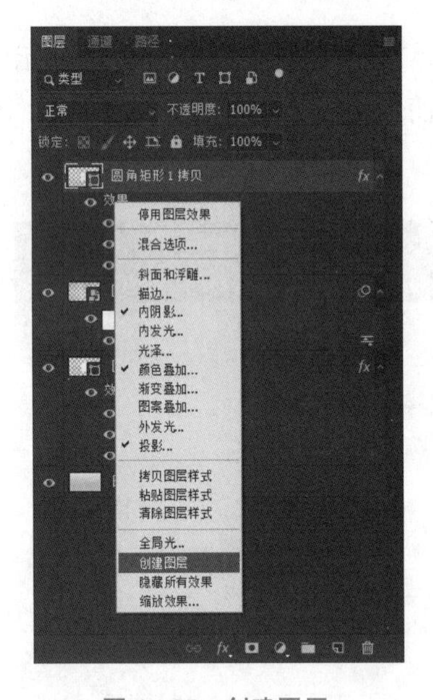

图 4－25　创建图层

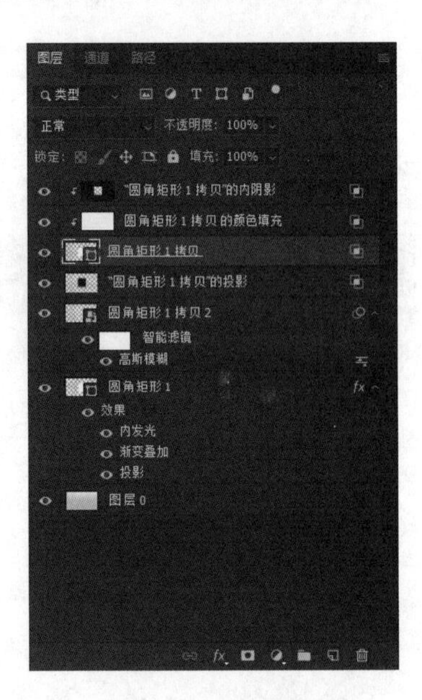

图 4－26　添加蒙版

（16）添加内阴影，调整参数，如图 4－27 所示。

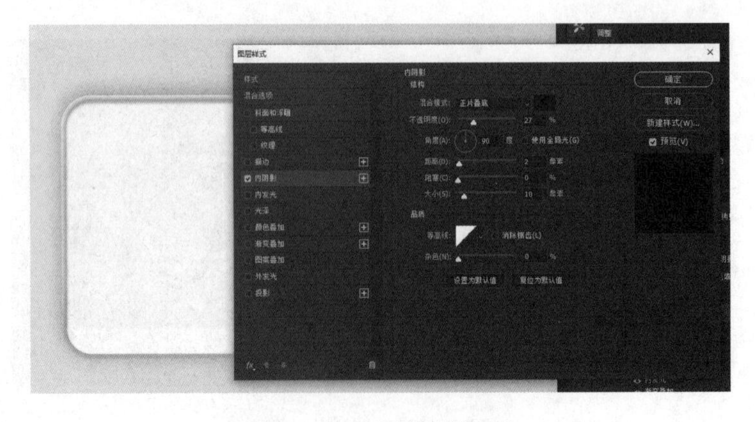

图 4－27　内阴影参数设置

（17）使用椭圆工具，按住 Shift 键绘制圆圈。选中图层，按住 Alt 键直接进行复制，如图 4－28 所示，选中“进行水平分布”。将复制的小圆圈进行打组，调整位置。

图 4－28　小圆点绘制及分布

（18）添加内阴影，调整参数，如图 4－29 所示；内阴影颜色参数设置如图 4－30 所示。

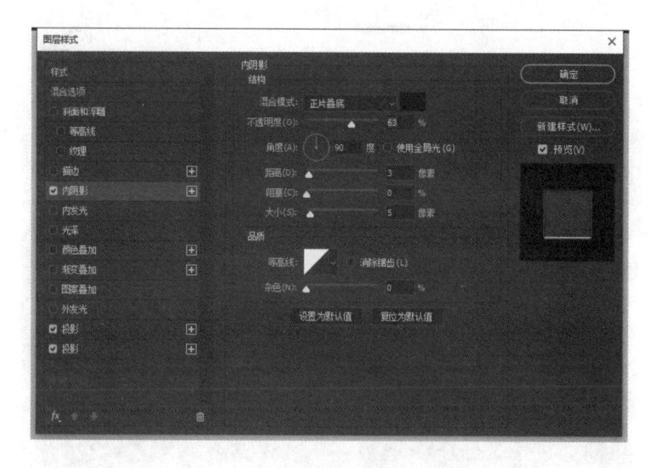

图 4－29　内阴影参数调整

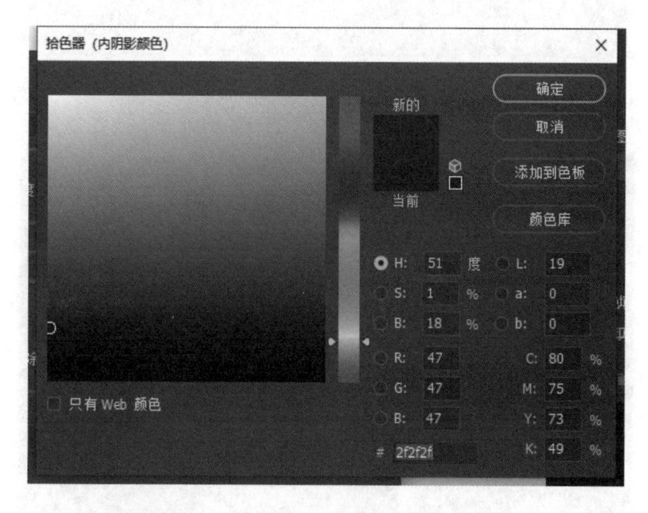

图 4－30　内阴影颜色参数设置

（19）添加颜色叠加，参数如图 4 – 31 所示。

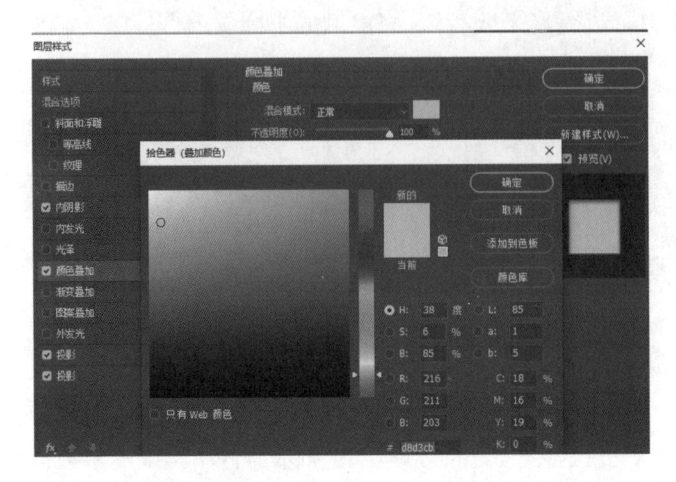

图 4 – 31　颜色叠加参数

（20）添加投影，调整参数，如图 4 – 32 和图 4 – 33 所示。

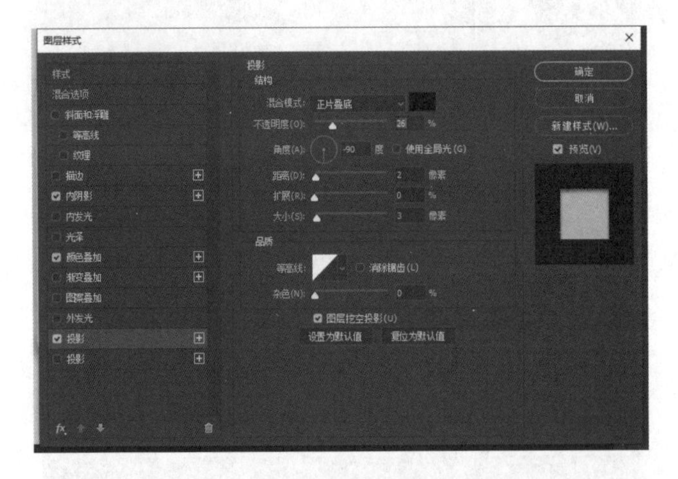

图 4 – 32　投影参数（1）

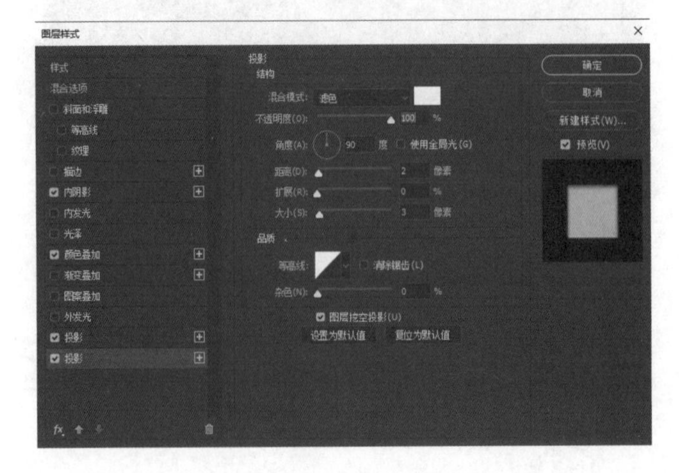

图 4 – 33　投影参数（2）

（21）使用椭圆工具，按住 Shift 键绘制圆。单击路径选择工具，显示路径。使用钢笔工具添加锚点，如图 4 – 34 所示。单击路径选择工具调整锚点，如图 4 – 35 所示。

图 4 – 34　添加锚点

图 4 – 35　调整锚点

（22）调整图层样式，进行图案填充，调整参数，如图 4 – 36 所示。填充颜色，颜色参数如图 4 – 37 所示。

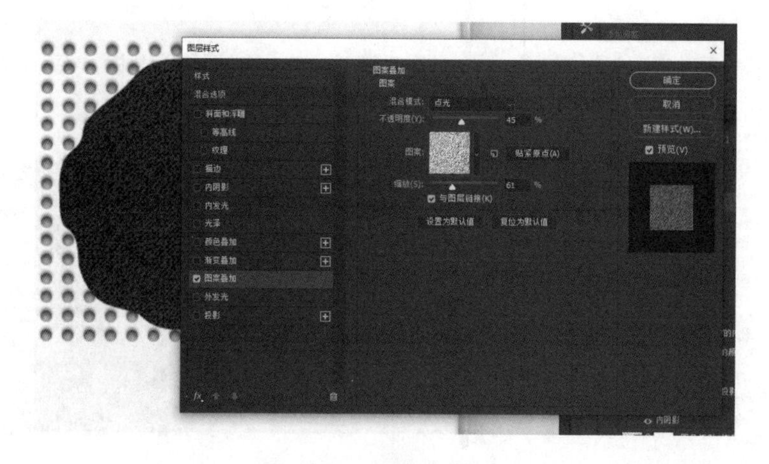

图 4 – 36　图案填充参数

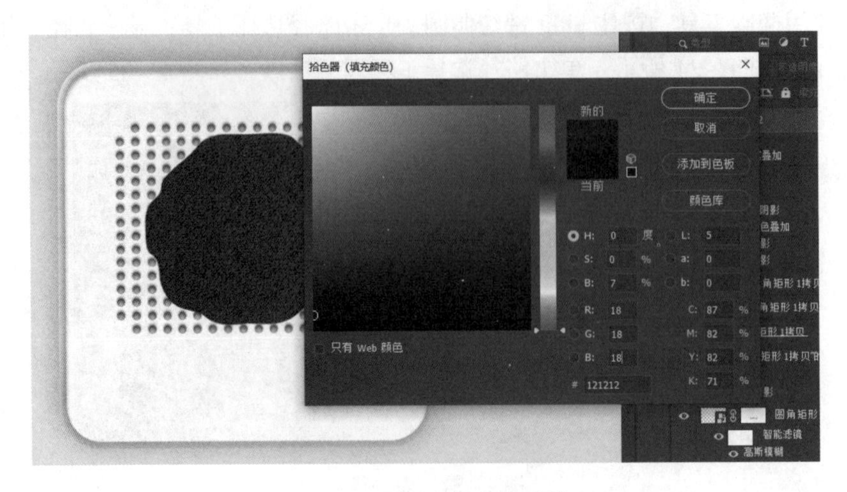

图 4－37　图案填充颜色参数

（23）添加剪贴蒙版，如图 4－38 所示。

图 4－38　剪贴蒙版

（24）使用椭圆工具绘制圆形，将“圆角矩形 1”图层的图层样式复制到该图层，如图 4－39 所示。

图 4－39　复制图层样式

(25) 复制“椭圆 1”图层，得到“椭圆 1 拷贝”图层。按 Ctrl + T 组合键进行缩小，修改颜色渐变参数，如图 4-40 所示，颜色参数如图 4-41 所示。

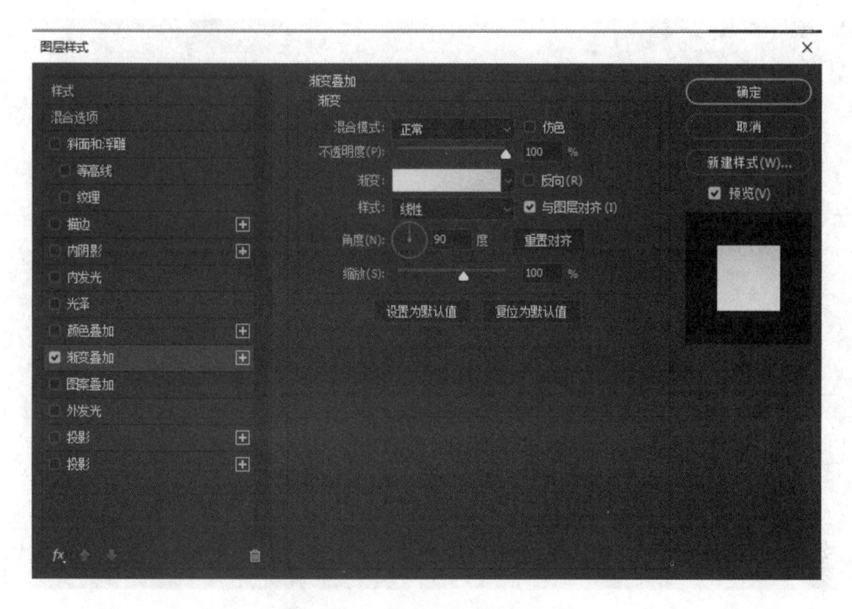

图 4-40　复制图层渐变参数

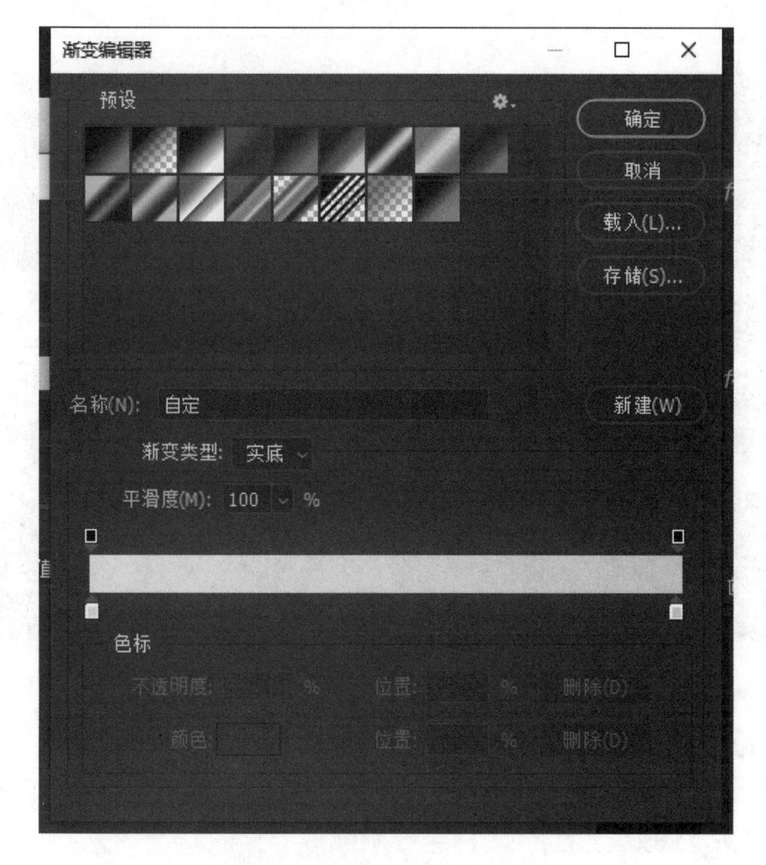

图 4-41　复制图层颜色渐变参数

（26）添加投影，参数设置如图 4－42 和图 4－43 所示。

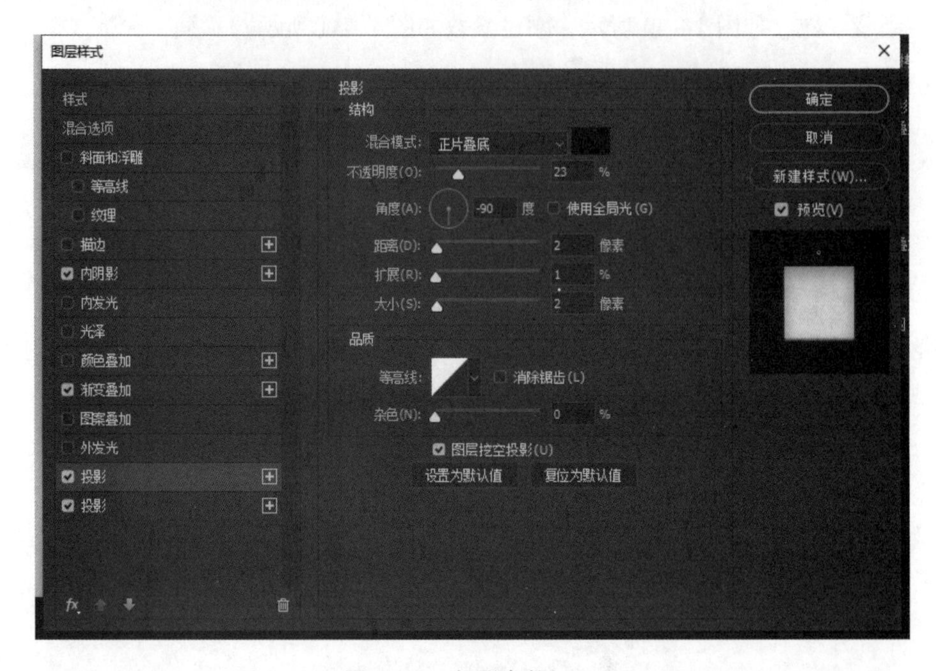

图 4－42　投影参数（1）

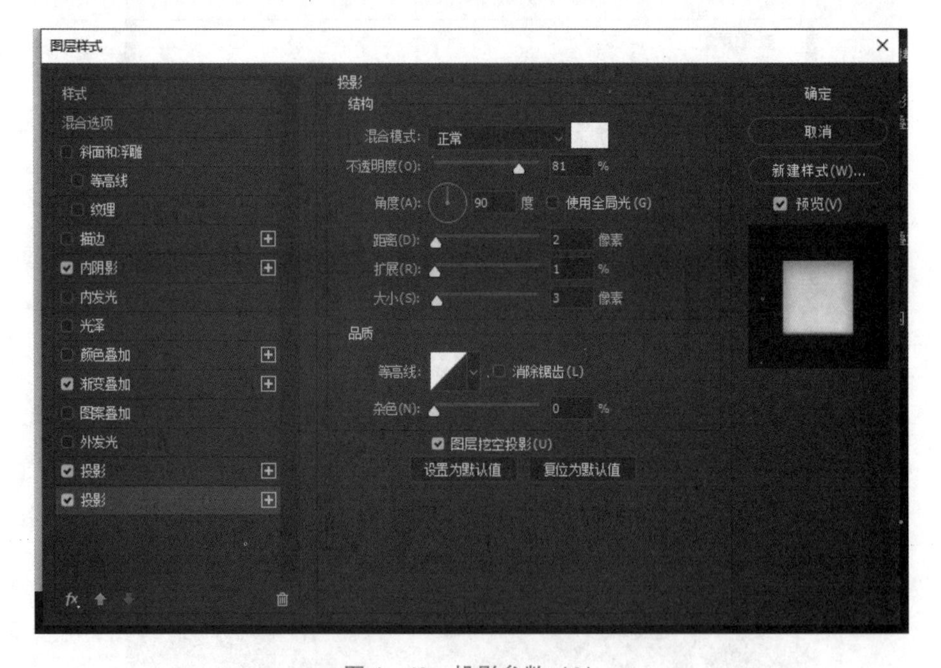

图 4－43　投影参数（2）

（27）添加内阴影，参数设置如图 4－44 所示。

（28）单击矩形工具，使用自定义形状绘制图形。使用路径选择工具，选择删除圆圈上的锚点，留下箭头。修改填充色，如图 4－45 所示。

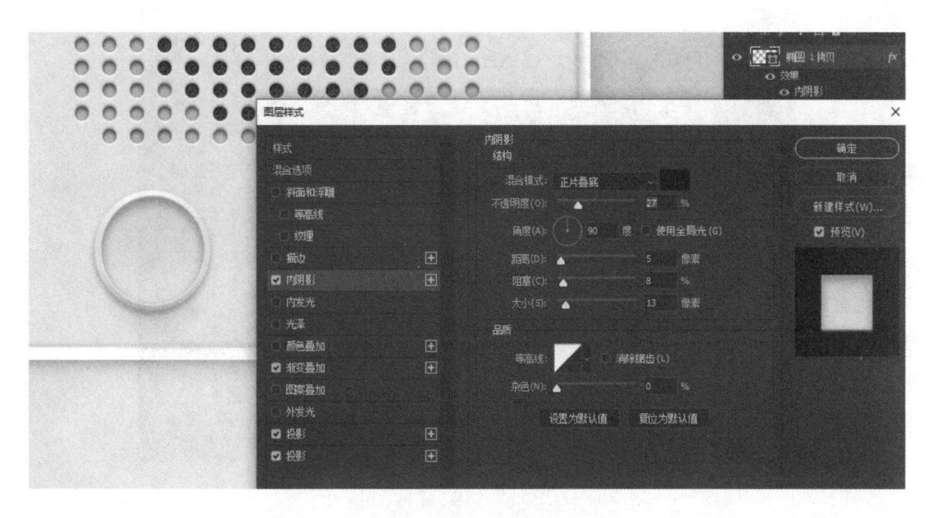

图 4－44　内阴影参数

图 4－45　自定义形状调整

（29）添加投影，参数设置如图 4－46 和图 4－47 所示。添加内阴影，参数设置如图 4－48 所示。

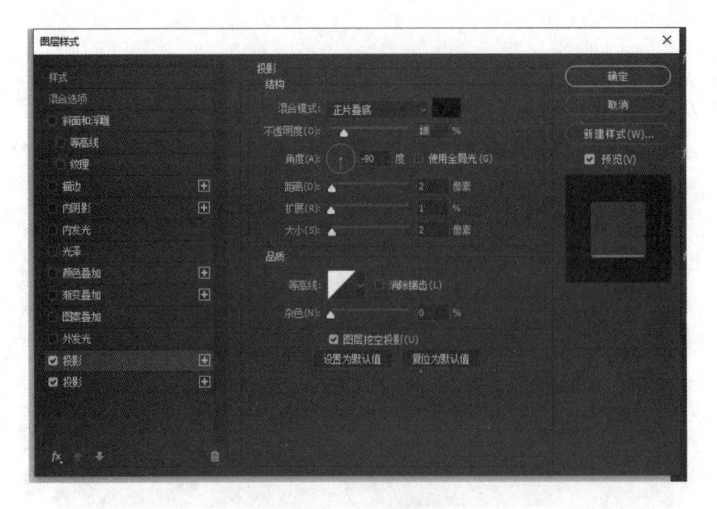

图 4－46　投影参数（1）

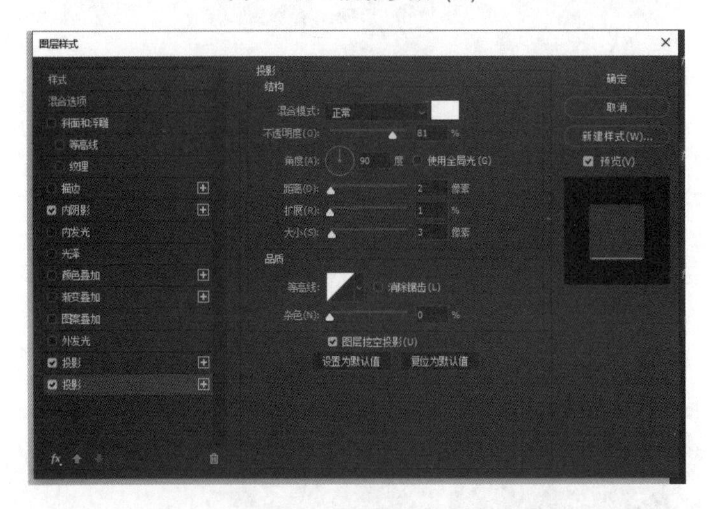

图 4－47　投影参数（2）

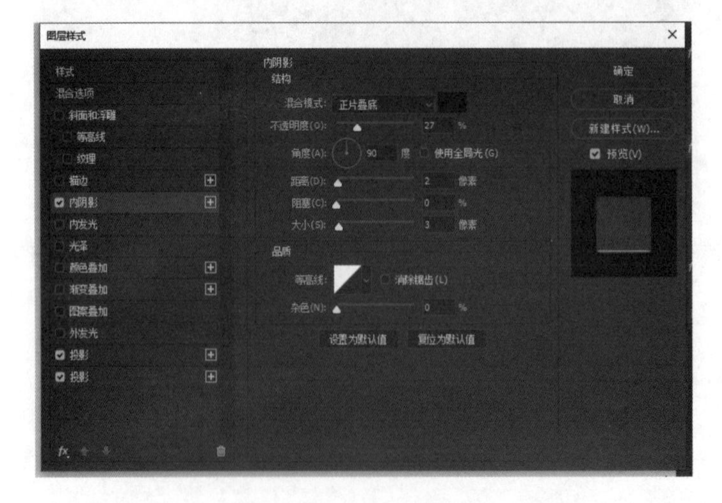

图 4－48　内阴影参数

（30）添加颜色叠加，参数设置如图 4－49 所示。

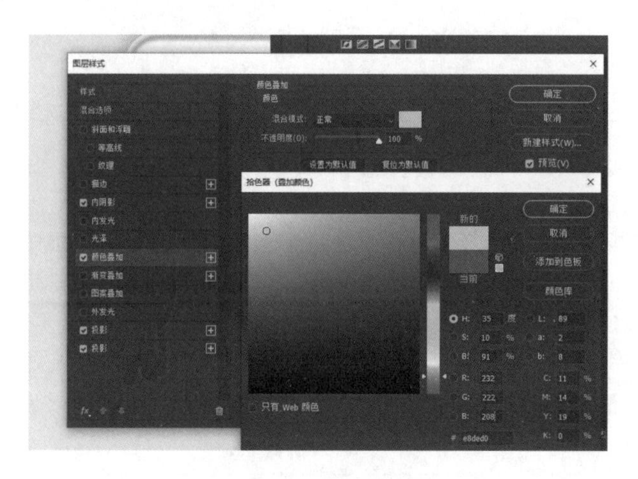

图 4－49　颜色叠加参数

（31）将第（24）~（30）步进行编组复制。将箭头进行旋转，如图 4－50 所示。

图 4－50　复制图层及位置调整

（32）将细节进行细微调整，最终效果如图 4－1 所示。

【拓展实训】

选取一个主题，结合国家的节日、公益宣传设计作品。根据主题设计文案，设计其页面布局，可以提前找好 JPG 或 PSD 素材，素材与题材自选。

效果参考：

本任务的参考效果如图 4－51 所示。

制作要点：

图层样式参数设置。

图 4－51　拓展效果

任务二 轻质感图标设计

项目名称	任务内容
任务讨论	拟物风格的图标主要通过各种色彩渐变、发光、投影等图层样式体现出非常柔和的立体感，整体风格偏年轻化，给人以轻盈、简洁及精致的感觉。 本任务做一个轻质感图标，在设计过程中要考虑可识别性及视觉效果。最终效果如图 4－52 所示。 图 4－52　最终效果
知识链接	路径选择工具：①黑箭头为路径选择工具，即选择一个闭合的路径，或是一个独立存在的路径。②白箭头：选择任何路径上的节点，单击其中一个或是按“Shift”键连续单击可选多个，也可通过圈选选择多个。选中路径可以移动，或是配合“Shift”“Alt”键微调，改变节点的类型，按“Ctrl＋T”组合键可以对路径变形，如图 4－53 所示。 图 4－53　路径选择工具组
任务要求	1. 通过本任务的学习，了解多边形工具属性及参数的重要性。 2. 通过本任务的学习，了解图层样式及其参数的重要性。 3. 需注意整体版面排版的严谨度、美观度。
任务实现	按照任务实现的具体操作步骤进行操作。
任务总结	通过完成上述任务，你学到了哪些知识和技能？
拓展实训	示意图及要求见本任务拓展实训栏目。

续表

项目名称	任务内容
课堂笔记	

【任务实现】

（1）新建文档，设置参数，单击“创建”按钮，如图 4－54 所示。

图 4－54　新建文档界面

（2）使用矩形工具，在“属性”面板中调整弧度参数，如图 4－55 所示。

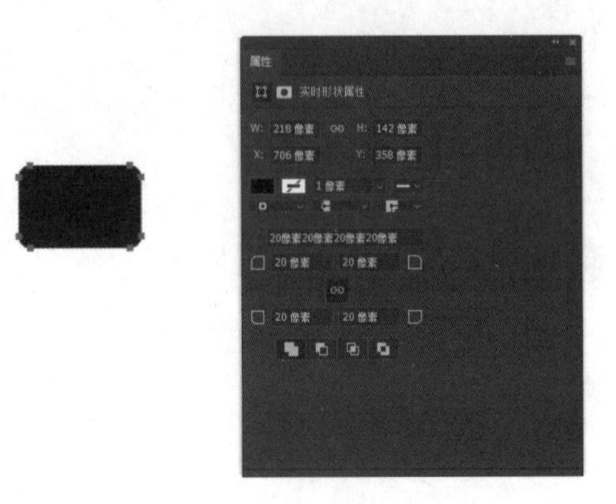

图 4－55　矩形绘制

（3）使用多边形工具，右击，调整多边形参数，如图 4－56 所示。按住 Shift 键即可绘制等边三角形，放在圆角矩形上方，按 Ctrl＋T 组合键调整大小，如图 4－57 所示。

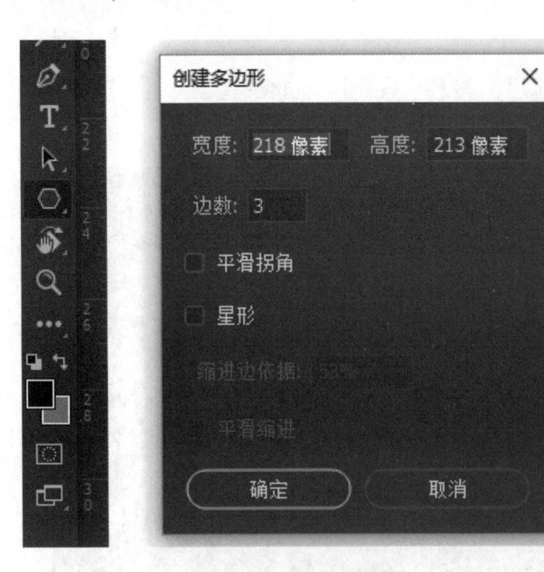

图 4－56　创建多边形

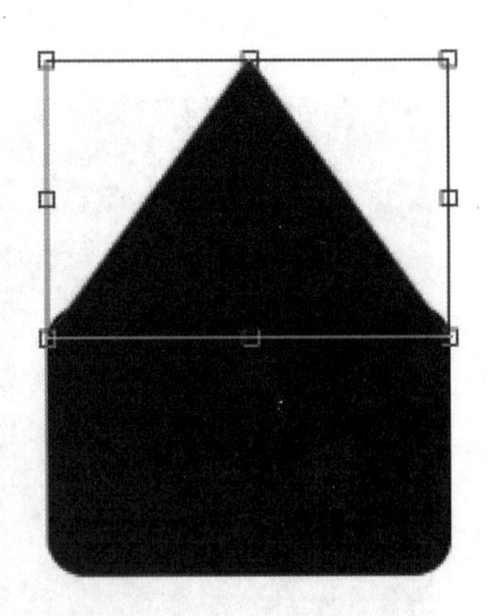

图 4－57　三角形绘制

（4）单击路径选择工具，选择路径。单击钢笔工具，按住 Alt 键进行锚点调整；单击路径选择工具，调整锚点位置，如图 4－58 所示。

图 4－58　锚点调整

（5）选择两个图形图层进行合并，填充颜色，颜色参数如图 4－59 所示。

图 4－59　颜色填充

（6）添加内阴影，调整参数，如图 4－60 所示；颜色参数如图 4－61 所示。

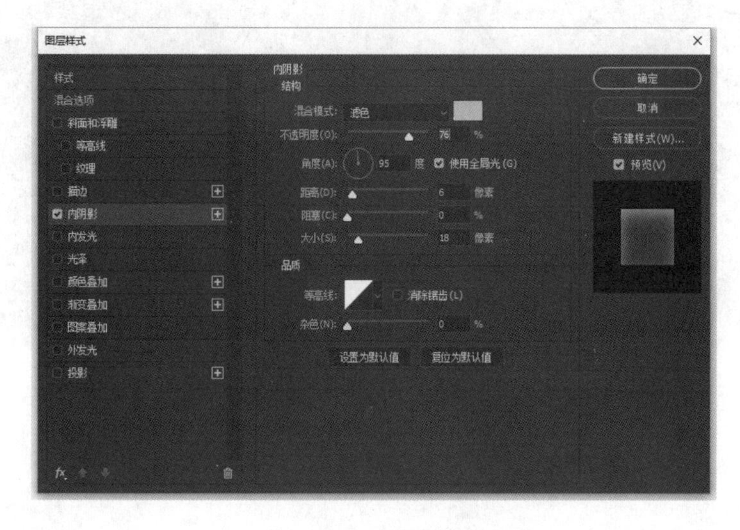

图 4－60　内阴影参数

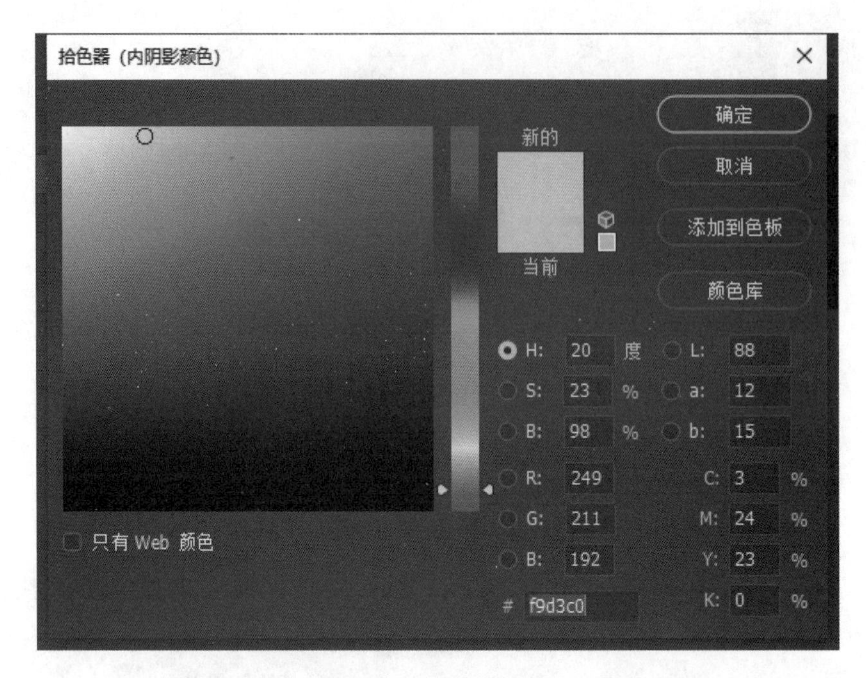

图 4－61　拾色器颜色

（7）添加渐变叠加，调整参数，如图 4－62 所示；颜色参数如图 4－63 所示。

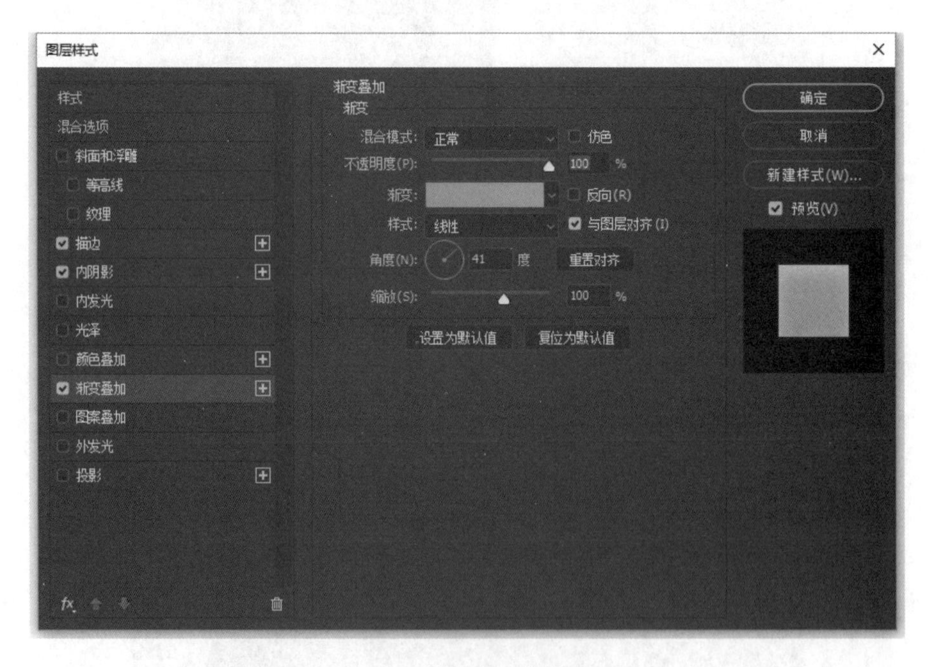

图 4－62　渐变参数

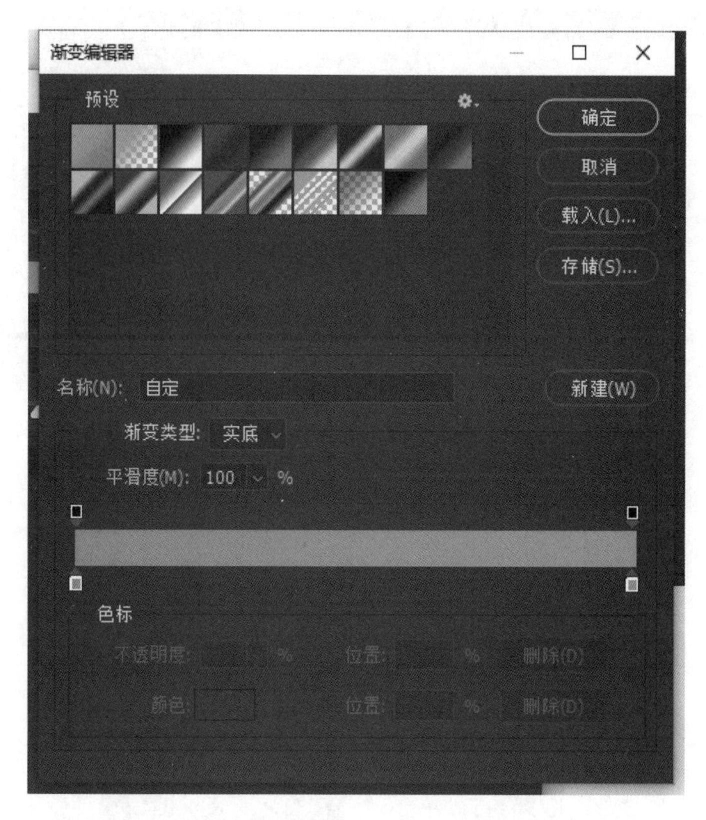

图 4－63　渐变编辑器

（8）使用椭圆工具，按住 Shift 键绘制圆形，填充白色，如图 4－64 所示。调整多边形图层的混合模式，添加蒙版，如图 4－65 所示。

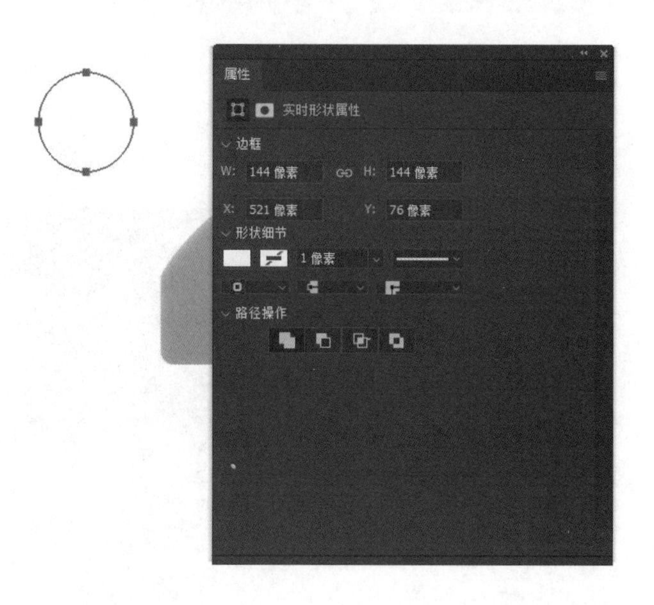

图 4－64　椭圆颜色填充

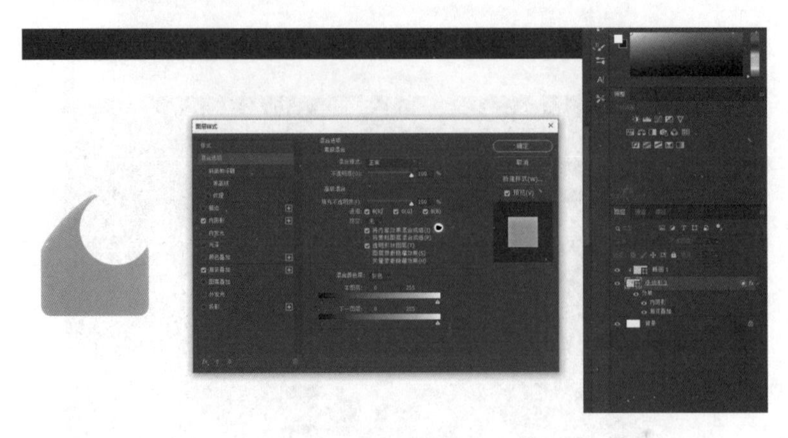

图 4－65　图层蒙版

（9）回到“椭圆”图层，选择“滤镜”→“高斯模糊”，调整参数，如图 4－66 所示。调整不透明度，如图 4－67 所示。

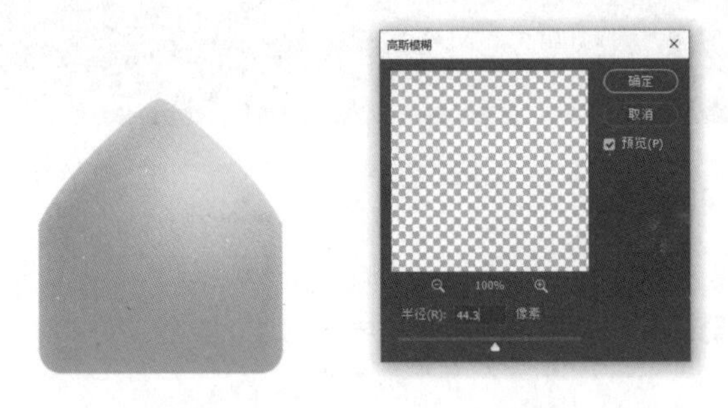

图 4－66　“高斯模糊”参数调整

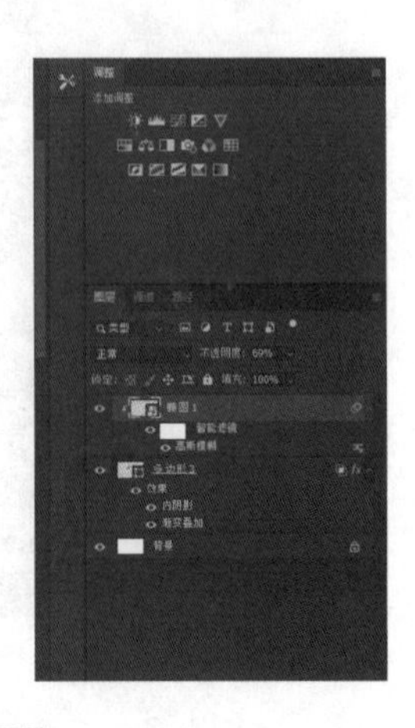

图 4－67　不透明度参数调整

（10）使用矩形工具绘制矩形，在该图层“属性”面板中进行弧度参素调整，如图 4 – 68 所示。调整颜色，为渐变，参数如图 4 – 69 所示。

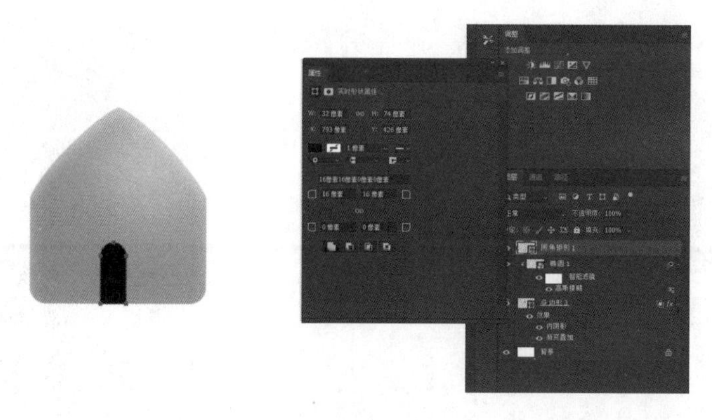

图 4 – 68　弧度参数调整

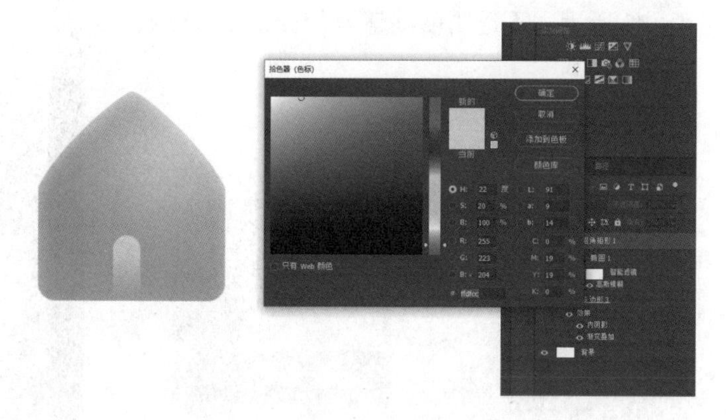

图 4 – 69　渐变参数调整

（11）选择“多边形 1”图层，添加投影，调整参数设置，如图 4 – 70 所示。

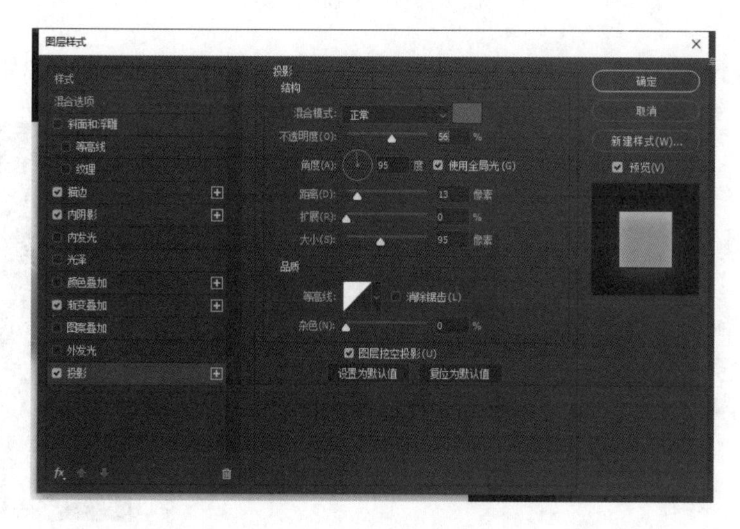

图 4 – 70　投影参数调整

（12）使用钢笔工具绘制不规则四边形，形成选区，如图 4－71 所示；调整图层位置，填充颜色，如图 4－72 所示。

图 4－71　选区绘制

图 4－72　选区填充颜色

（13）右击，将该图层转换为智能对象。单击菜单栏，选择“滤镜”→“高斯模糊”，调整参数，如图 4－73 所示，不透明度调整为 57%。

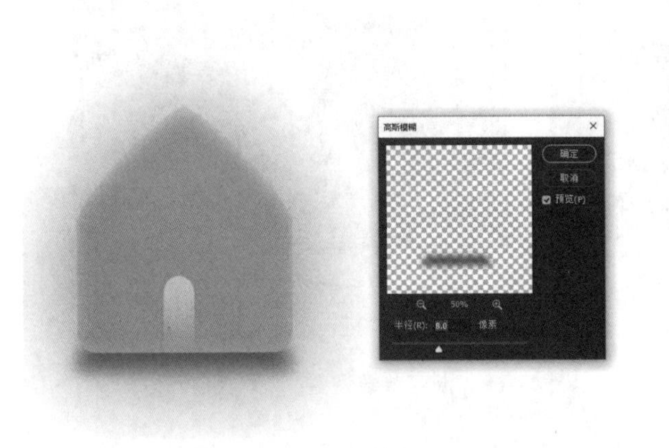

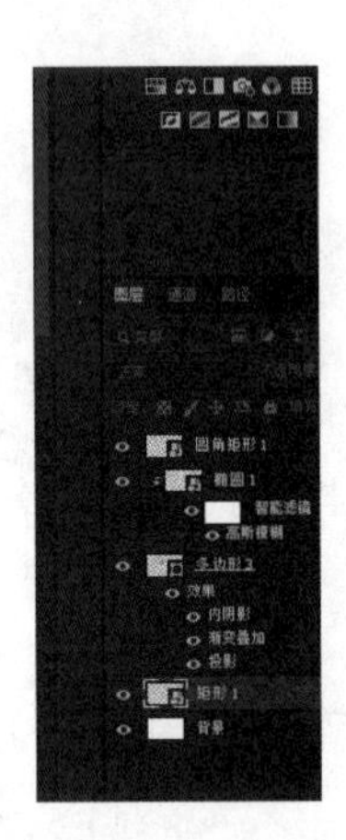

图 4－73　高斯模糊参数

（14）复制不规则图层，调整大小，调整不透明度，形成两个投影的效果，如图 4－74 所示。

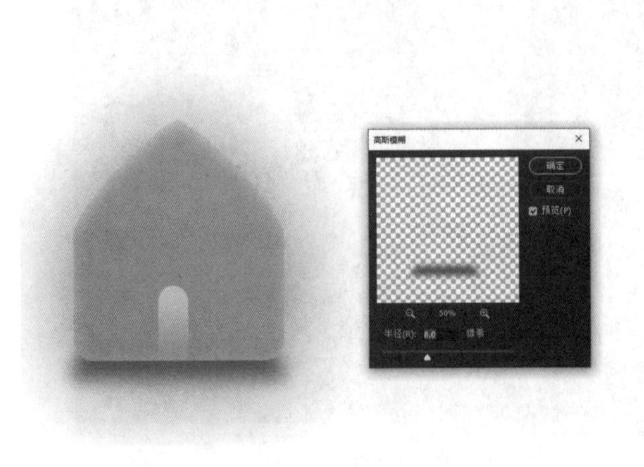

图 4－74　复制图层投影效果

（15）使用钢笔工具绘制图形，如图 4－75 所示。填充渐变颜色，如图 4－76 所示。

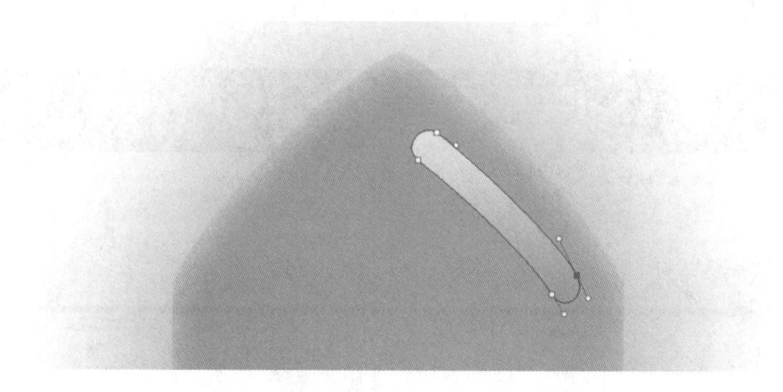

图 4－75　钢笔绘制图形

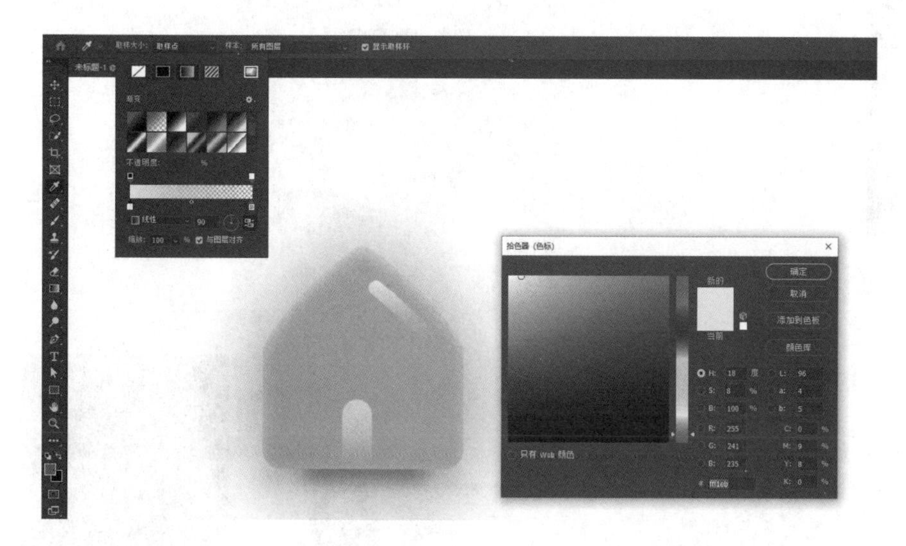

图 4－76　填充渐变颜色

（16）调整整体细节效果。回到“多边形 1”图层，添加描边，调整参数，如图 4－77 所示。

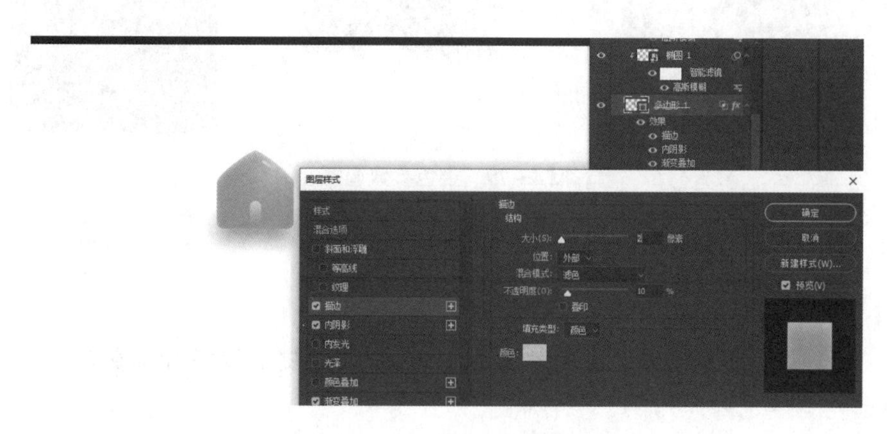

图 4－77　描边参数调整

（17）将所有图层进行编组，盖印图层，右击“转换智能对象”，选择“杂色”→“添加杂色”，如图 4－78 所示。调整参数，如图 4－79 所示。

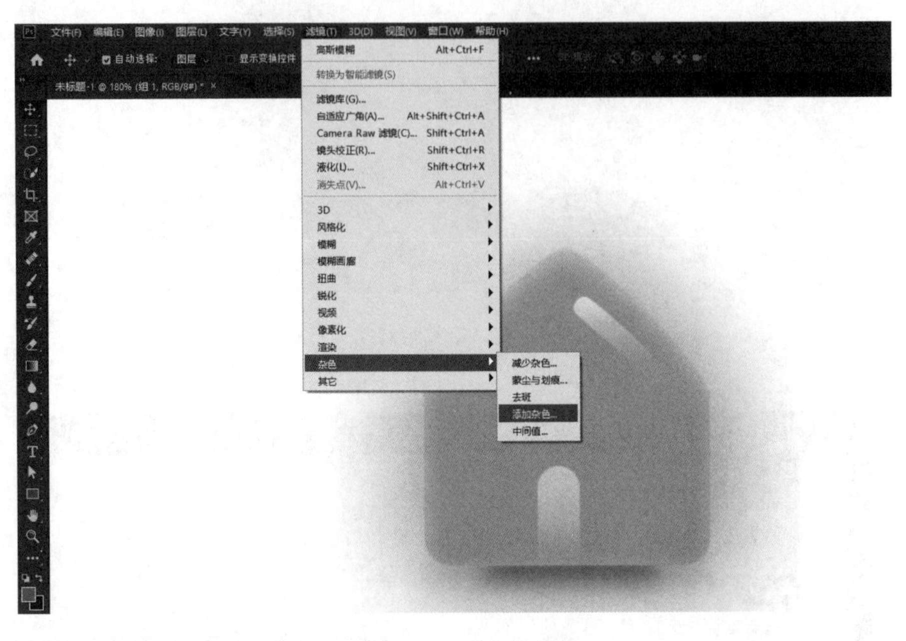

图 4－78　杂色位置

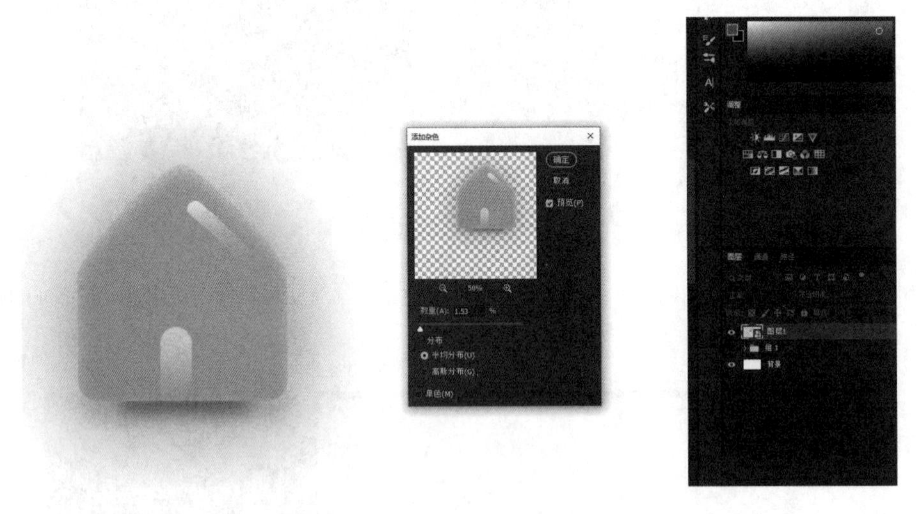

图 4－79　杂色参数调整

（18）进行微调，最终效果如图 4－52 所示。

【拓展实训】

选取一个主题，根据主题设计文案设计其图标，可以提前找好 JPG 或 PSD 素材，素材与题材自选。

效果参考：

本任务的参考效果如图 4 – 80 所示。

图 4 – 80　拓展效果

制作要点：

矩形工具组的绘制、图层样式参数设置。

项目五

创意人像

风格人像，可以通过素材和合适的人像来进行操作，也可以自己发挥来制作，方法有很多种。很多好看的艺术效果都是通过精心的后期来打造的。例如，拍摄的照片常常会有各种各样的不满意，通过 Photoshop 进行整体的色彩搭配、影像调整和氛围调整，可以使之达到理想效果。这些风格化的思路和技术，是一张人像摄影作品脱颖而出的关键。

创意人像已经作为一种常用的表现手法，在许多摄影后期得到广泛的应用。从视觉语言上看，这种效果的画面拥有非常独特的风格，丰富的画面质感的同时，让人物与背景融为一体。

【项目重点】

- 了解通道的重要性。
- 掌握在人像抠图设计中人像的完整性与搭配性。

【素养目标】

- 掌握 Photoshop CC 2019 通道的使用技巧。
- 掌握 Photoshop CC 2019 蒙版的使用技巧。
- 提高对创意人像的审美鉴赏能力。

任务一 通道抠图

项目名称	任务内容
任务讨论	图像合成时，作品的画面应有较强的视觉中心，应力求新颖、单纯，还必须具有独特的艺术风格和设计特点。在对发丝、婚纱、透明物体进行抠图时，钢笔工具和选区工具很难达到要求。 本任务主要是采用通道进行人像抠图的方法，以避免抠发丝的困扰。案例以通道抠图为例，在任务中主要从通道等进行操作，以便抠出完整的人像，帮助读者快速地掌握抠图技巧。 最终效果如图 5－1 所示。

续表

项目名称	任务内容
任务讨论	 图 5－1　最终效果
知识链接	通道有不同的含义：对于多通道图像，可以将通道作为一个整体；对于某一个通道，通道图像灰阶的浓度可以从局部或通道内部把握。通常所说的“通道是图像显示的容器”这种观点侧重于多通道图像，例如，RGB 图像有 3 个单色通道，如图 5－2 所示；CMYK 图像有 4 个通道。“通道即选区”这种观点侧重于局部或通道内部把握。通道中白色代表完全有，黑色代表完全没有，灰色代表部分有。  图 5－2　RGB 通道

项目名称	任务内容
任务要求	1. 通过本任务的学习，了解通道抠图的重要性。 2. 通过本任务的学习，了解图层样式及其参数的重要性。 3. 需注意整体版面排版的严谨度、美观度。
任务实现	按照任务实现的具体操作步骤进行操作。
任务总结	通过完成上述任务，你学到了哪些知识和技能?
拓展实训	示意图及要求见本任务拓展实训栏目。
课堂笔记	

【任务实现】

（1）将素材拖入 Photoshop CC 2019 中，素材如图 5－3 所示。

（2）按 Ctrl + J 组合键复制背景图层，如图 5－4 所示。

图 5－3 素材

图 5－4　素材复制

（3）进入通道，对比红、绿、蓝 3 个通道的对比度，确保对比清晰。红色通道如图 5－5 所示，绿色通道如图 5－6 所示，蓝色通道如图 5－7 所示。通过对比，选用蓝色通道，只显示蓝色通道，右击，选择“复制通道”，如图 5－8 所示。

图 5－5　红色通道

图 5 – 6　绿色通道

图 5 – 7　蓝色通道

图 5－8　复制通道位置

（4）复制蓝色通道，如图 5－9 所示。

图 5－9　复制蓝色通道图层

（5）在蓝色通道拷贝图层下进行操作，单击菜单栏“图像”→“调整”→“色阶”，如图 5－10 所示。调整色阶，调整对比度，目的是使头发与背景明显区分。在对比中观察发丝细节，保持发丝不要被破坏，如图 5－11 所示。

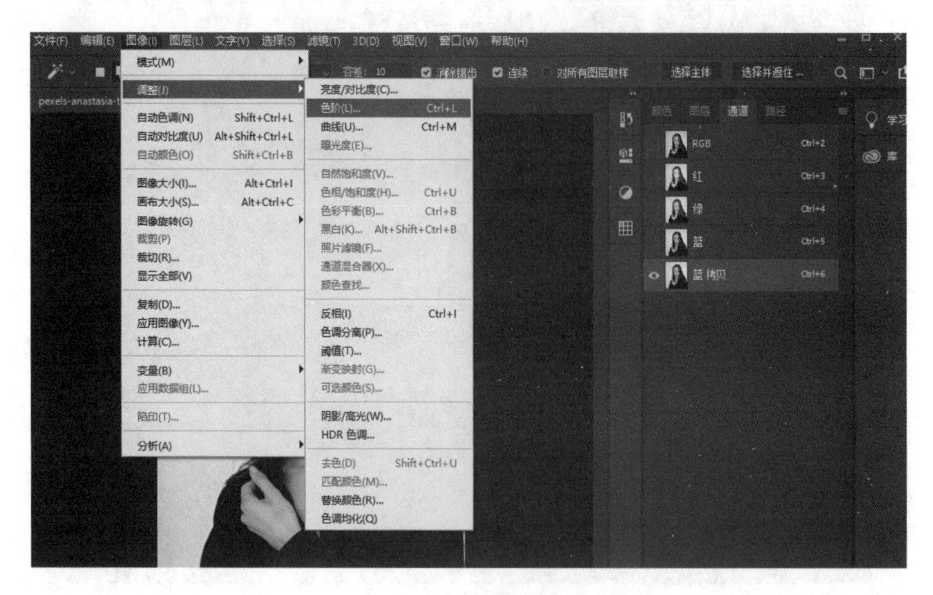

图 5－10　色阶

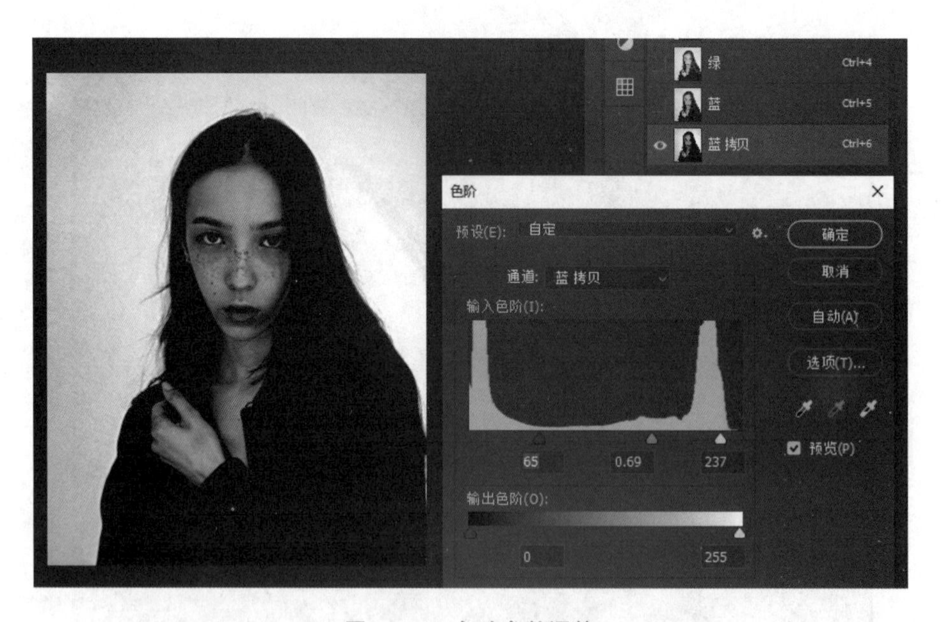

图 5－11　色阶参数调整

（6）调整完成后，单击菜单栏“选择”→“载入选区”，如图 5－12 所示，按 Ctrl＋I 组合键反选，创建图层蒙版 ，效果如图 5－13 所示。

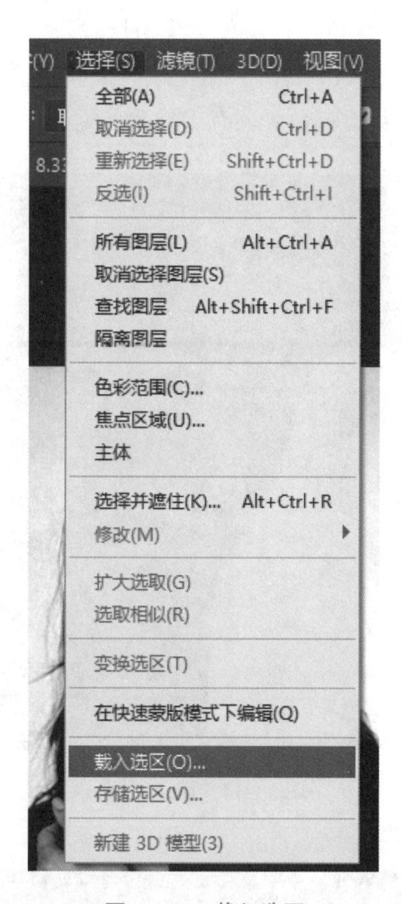

图 5－12　载入选区

图 5－13　创建图层蒙版

(7) 新建图层，填充任意颜色（此项作为参考层，也可不进行创建）。按住 Alt 键，单击图层蒙版，进入蒙版，如图 5 - 14 所示，用笔刷工具擦除透明部分，擦除时必须使用白色。如图 5 - 15 所示，回到图层检查是否还有未擦除的地方。

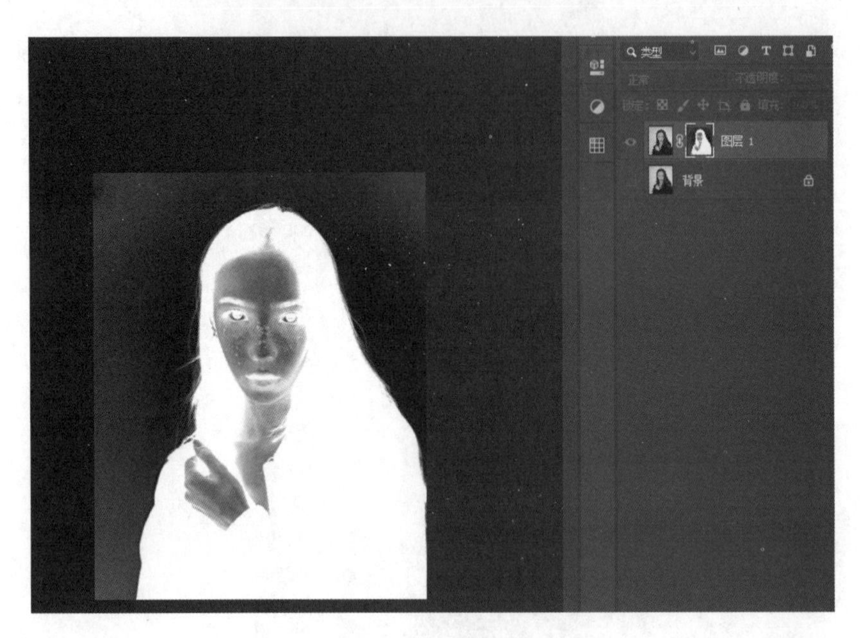

图 5 - 14　图层蒙版

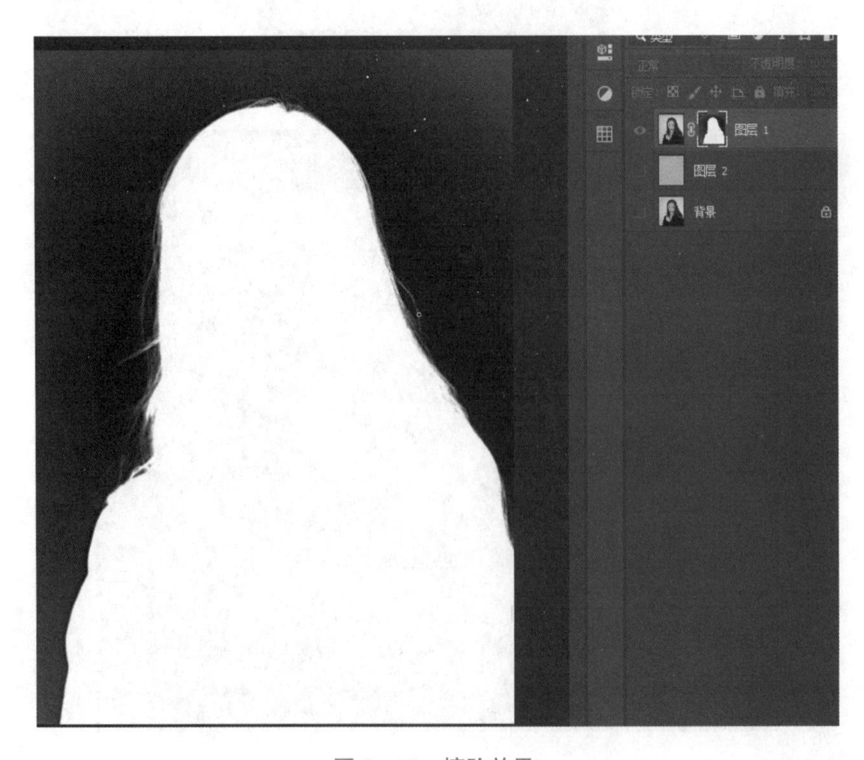

图 5 - 15　擦除效果

（8）插入素材图片，将素材图片放在背景图层的上面，按 Ctrl + T 组合键调整素材大小及摆放位置，如图 5 – 16 所示。完成效果如图 5 – 17 所示。

图 5 – 16　素材导入

图 5 – 17　素材调整完成

【拓展实训】

选取一个主题，结合国家的节日、公益宣传设计作品。根据主题设计文案，设计其页面布局，可以提前找好 JPG 或 PSD 素材，素材与题材自选。

效果参考：

本任务的参考效果如图 5－18 所示。

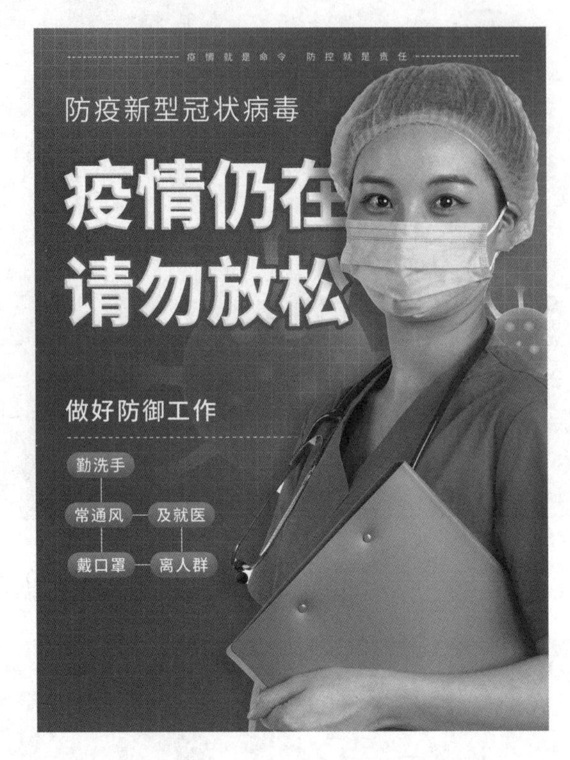

图 5－18　拓展效果

制作要点：

根据海报要求创建合适的尺寸界面；利用人像抠图放置人像；添加素材；填写文案；整体布局调整。

项目名称	任务内容
任务讨论	本任务主要是利用双曲线进行磨皮修图，在任务中主要从色阶等方面进行操作，使之达到完美的效果，帮助读者快速地掌握抠图技巧。 最终效果如图 5－19 所示。 图 5－19　最终效果
知识链接	修复画笔工具是 Photoshop 中处理照片常用的工具之一，利用修复画笔工具可以快速移去照片中的污点和其他不理想部分，如图 5－20 所示。 图 5－20　修复画笔工具组
任务要求	1. 通过本任务的学习，了解双曲线的重要性。 2. 通过本任务的学习，了解修复画笔的重要性。 3. 需注意整体版面排版的严谨度、美观度。

续表

项目名称	任务内容
任务实现	按照任务实现的具体操作步骤进行操作。
任务总结	通过完成上述任务，你学到了哪些知识和技能？
拓展实训	示意图及要求见本任务拓展实训栏目。
课堂笔记	

【任务实现】

（1）将素材拖入 Photoshop CC 2019 中，素材如图 5－21 所示。

图 5－21　素材

（2）复制该图层并新建图层。单击修补工具，按住 Alt 键选中皮肤源点进行疤痕初步修复，如图 5－22 所示。

图 5－22　修补效果

（3）细节部分建议将图片放大进行修复，初步修复后，如图 5－23 所示。

图 5－23　初步修复

（4）新建两个图层，填充黑色，分别将图层模式调整为柔光、颜色，如图 5－24 和图 5－25 所示。将这两个图层进行编组处理，如图 5－26 所示。

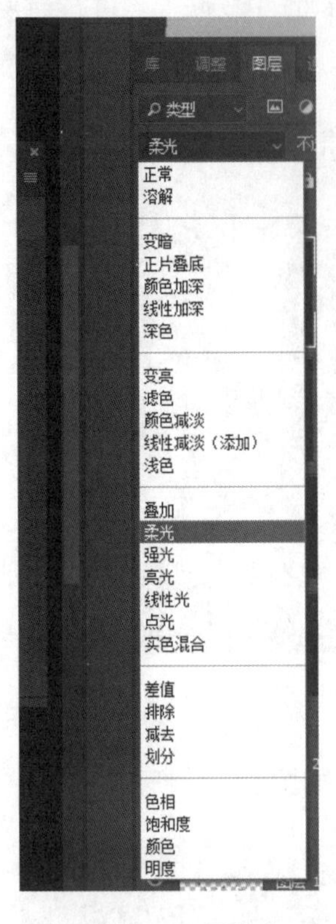

图 5－24　柔光

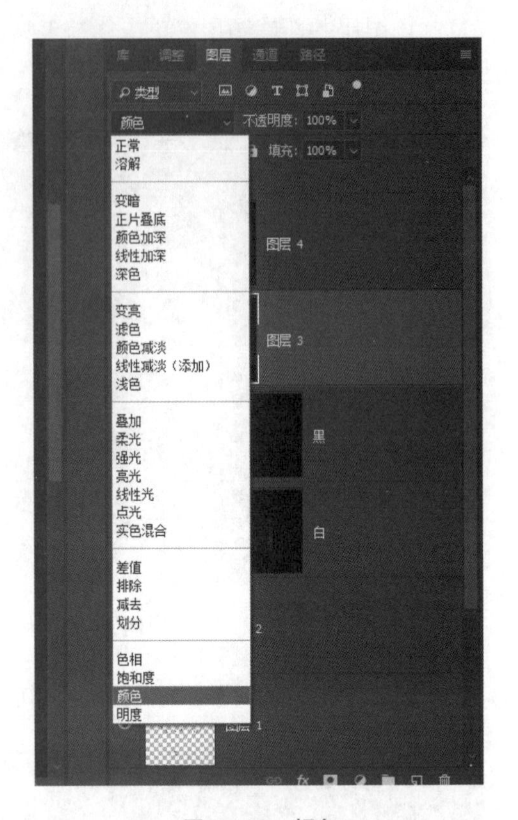

图 5－25　颜色

图 5－26　图层编组

（5）进行曲线处理，同时进行黑色填充，分别将该图层命名改为黑、白，如图 5－27 和图 5－28 所示。

图 5－27　曲线位置

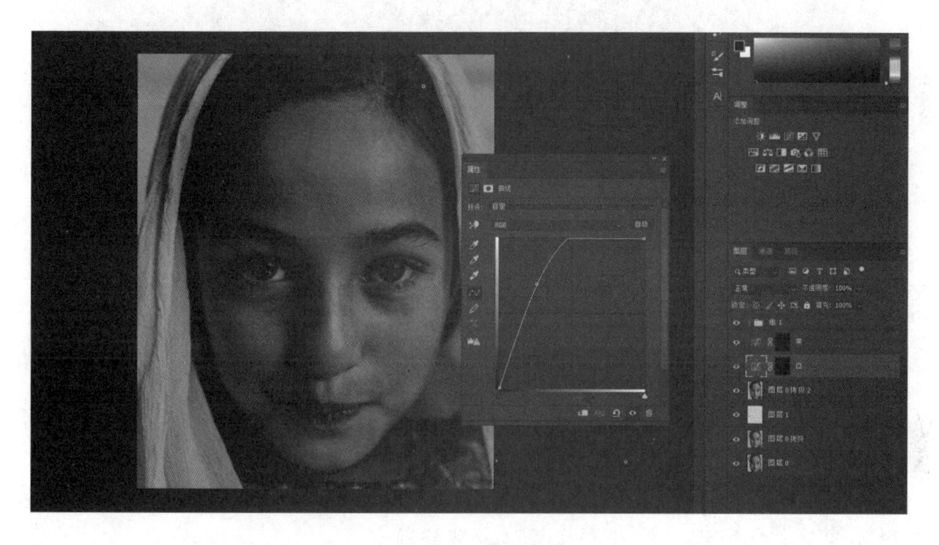

图 5－28　曲线参数

（6）在白色曲线图层中使用画笔进行调节，调整画笔参数，画笔颜色为白色，如图 5－29 所示。在修复的过程中需将脸上黑色的地方减淡，塑造光影效果。白色曲线减淡黑色斑点，黑色曲线压暗白色斑点，如图 5－30 和图 5－31 所示。

图 5－29　画笔菜单栏

图 5 – 30　白色曲线

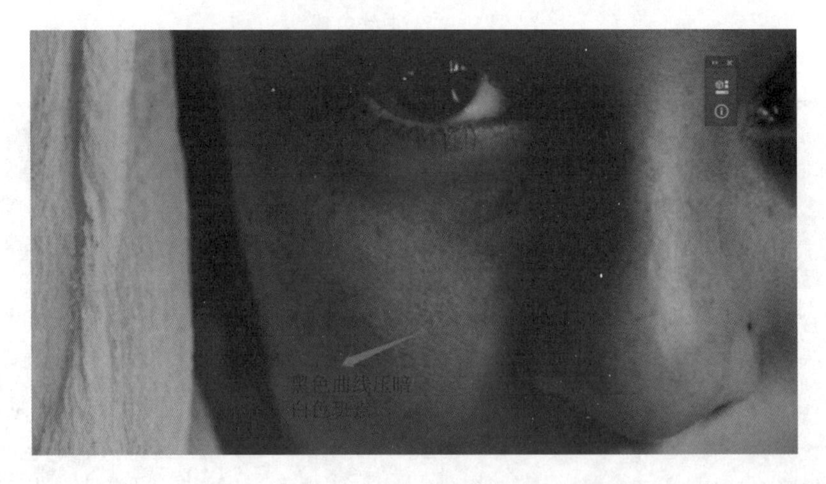

图 5 – 31　黑色曲线

（7）在修复过程中查看修复后的效果是否达到自己的要求，对比效果后继续修改，修改后的效果如图 5 – 32 所示。打开曲线图层继续修改。

图 5 – 32　修改效果

(8) 在修图过程中，细节部分放大后进行处理，如图 5－33 所示。

图 5－33　细节放大

(9) 盖印图层，并进行复制。将图层模式改为“叠加”，如图 5－34 所示。

图 5－34　叠加模式

(10) 按住 Ctrl＋I 组合键进行反向，如图 5－35 所示。在滤镜中选择“其他”→“高反差保留”，设置参数，参数一般设置为 11～12 即可，如图 5－36 所示。

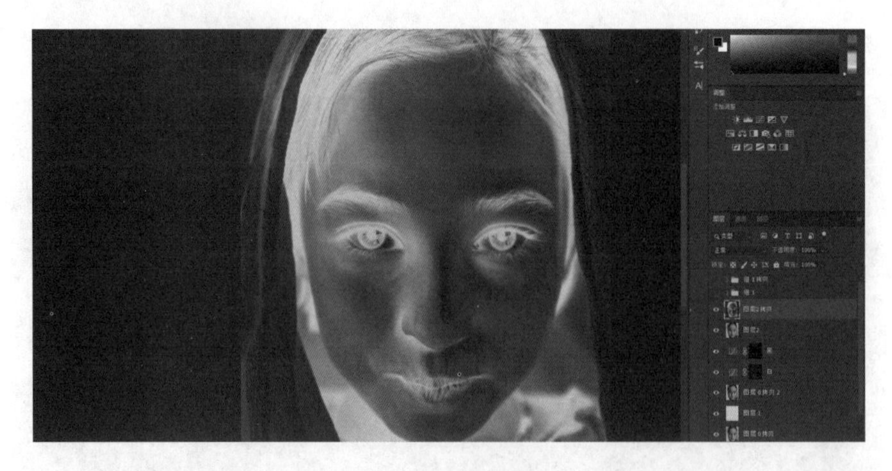

图 5－35　反向模式

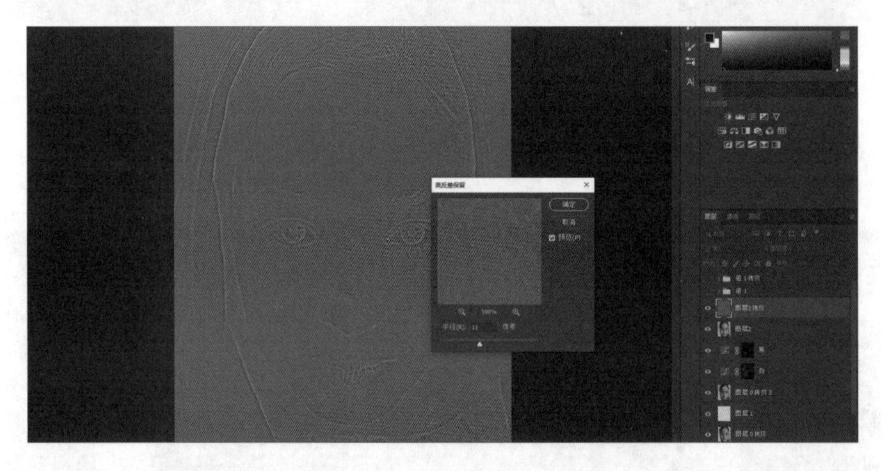

图 5－36　高反差参数设置

（11）选择“滤镜”→“模糊”→“高斯模糊”，设置参数大小，如图 5－37 所示。

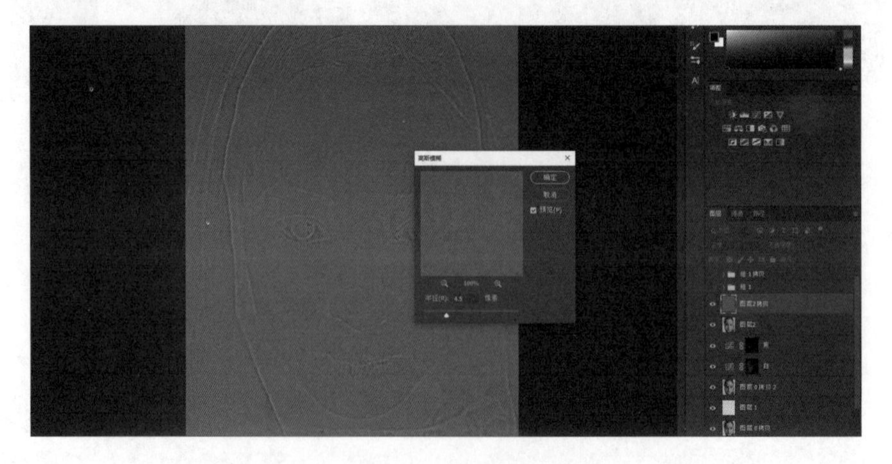

图 5－37　高斯模糊参数设置

（12）按住 Alt 键添加图层蒙版，如图 5－38 所示。

图 5－38　图层蒙版

（13）选择画笔工具，如图 5－39 所示，调整相应的参数大小，如图 5－40 所示。对皮肤粗糙的地方进行涂抹，让皮肤显得更加紧致，如图 5－41 所示。

图 5－39　画笔工具

图 5－40　画笔参数

图 5－41　蒙版涂抹

（14）盖印图层，使用曲线调整，填充黑色，如图 5－42 所示。使用画笔工具进行参数设置，进行暗部斑点涂抹，如图 5－43 所示。

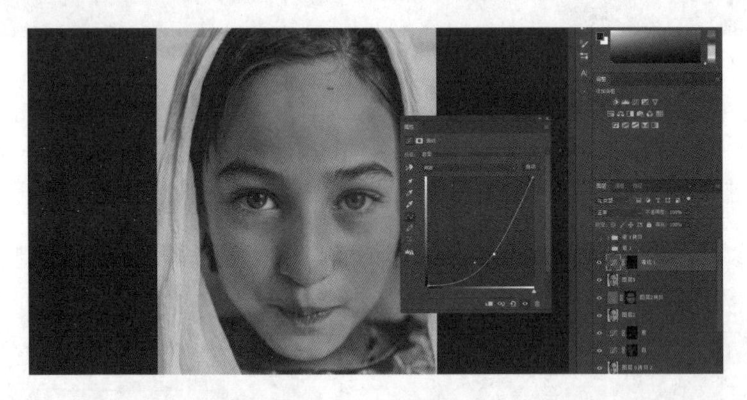

图 5－42　曲线调整

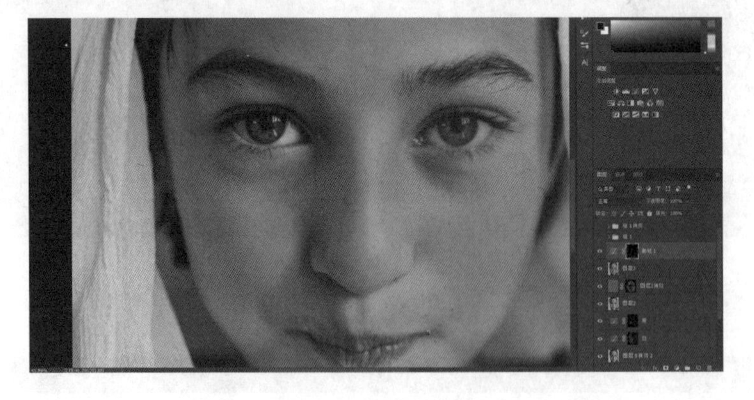

图 5－43　斑点涂抹

（15）再次进行曲线调整，填充黑色，如图 5－44 所示。使用画笔工具继续涂抹细节。

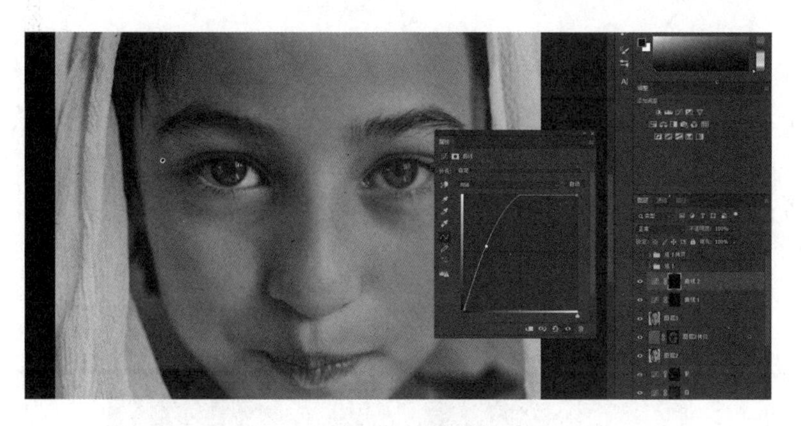

图 5-44　曲线调整

（16）新建两个图层，使用画笔工具吸取面部的颜色进行涂抹，如图 5-45 所示。在此过程中适当调整画笔参数。

（17）盖印图层，选择“滤镜”→“锐化”→“USM 锐化”，调整参数，如图 5-46 所示。最终效果如图 5-19 所示。

图 5-45　画笔涂抹

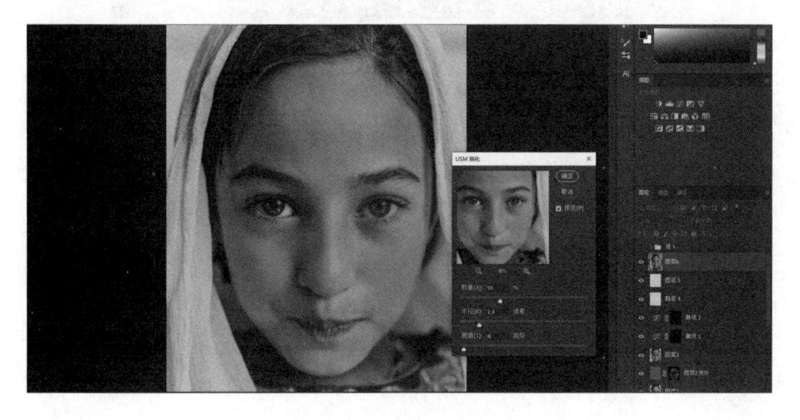

图 5-46　锐化参数

【拓展实训】

选取一个素材，结合国家的节日、公益宣传设计作品。根据主题设计文案，设计其页面布局，可以提前找好 JPG 或 PSD 素材，素材与题材自选。

效果参考：

本任务的参考效果如图 5－47 所示。

图 5－47　拓展效果

制作要点：

根据要求利用双曲线、图层盖印、画笔工具等进行整体布局调整。

项目六

字体设计

字体设计是指对文字按视觉设计规律加以整体的精心安排，是人类生产与实践的产物，是随着人类文明的发展而逐步成熟的。经过精心设计的标准字体与普通印刷字体的差异性除了外观造型不同之外，更重要的是，它是根据企业或品牌的个性而设计的，对策划的形态、粗细、字间的连接与配置、统一的造型等，都做了细致严谨的规划，比普通字体更美观，更具特色。

【项目重点】

- 了解文字的重要性。
- 掌握设计中文字的规律。

【素养目标】

- 掌握 Photoshop CC 2019 中文字工具的使用技巧。
- 提高对文字的创新。

任务一 水墨字

项目名称	任务内容
任务讨论	进行文字设计，必须对它的历史和演变有大概的了解。本任务中，将以水墨字为例，添加不同效果使之达到水墨效果。最终效果如图 6－1 所示。 图 6－1　最终效果

续表

项目名称	任务内容
知识链接	画笔工具：默认使用前景色绘图，可调节硬度来模仿笔触画在纸上的力度。可选择不同的画笔分类、面板设置来绘制不同的效果，如图 6－2 所示。 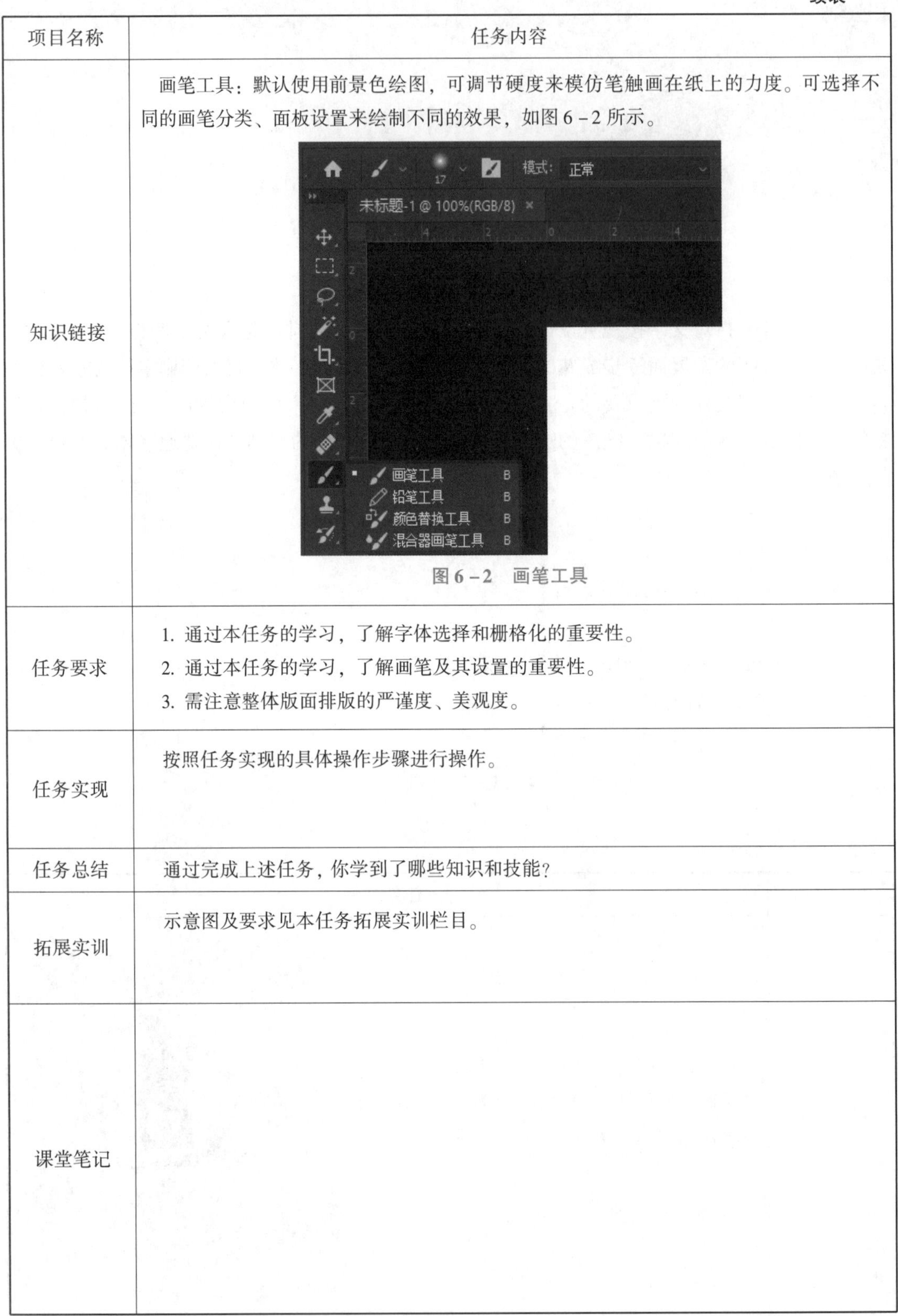 图 6－2　画笔工具
任务要求	1. 通过本任务的学习，了解字体选择和栅格化的重要性。 2. 通过本任务的学习，了解画笔及其设置的重要性。 3. 需注意整体版面排版的严谨度、美观度。
任务实现	按照任务实现的具体操作步骤进行操作。
任务总结	通过完成上述任务，你学到了哪些知识和技能？
拓展实训	示意图及要求见本任务拓展实训栏目。
课堂笔记	

【任务实现】

（1）新建画布（快捷键 Ctrl + N），宽度设置为 800 像素，高度设置为 800 像素，分辨率为 72 像素，颜色模式为 RGB，单击“创建”按钮，如图 6 –3 所示。

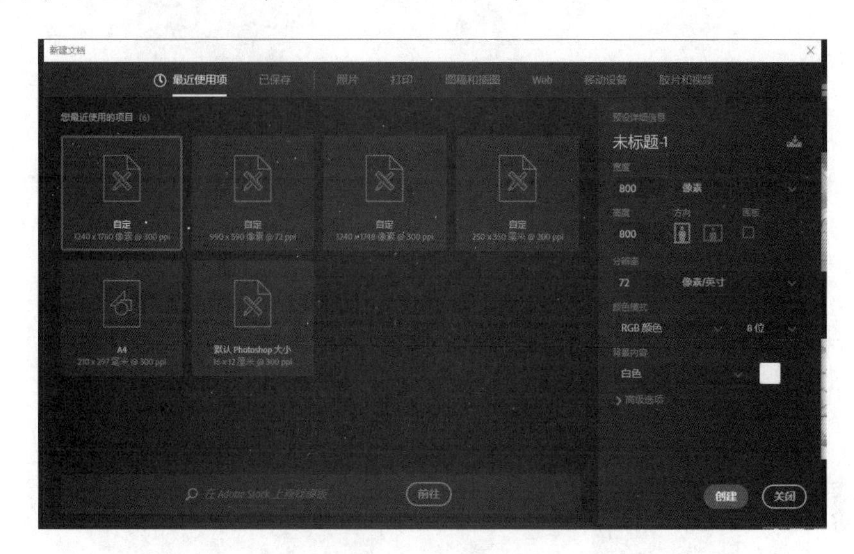

图 6 –3　新建文档

（2）单击背景图层小锁，解锁背景。添加“渐变叠加”，参数设置如图 6 –4 所示。

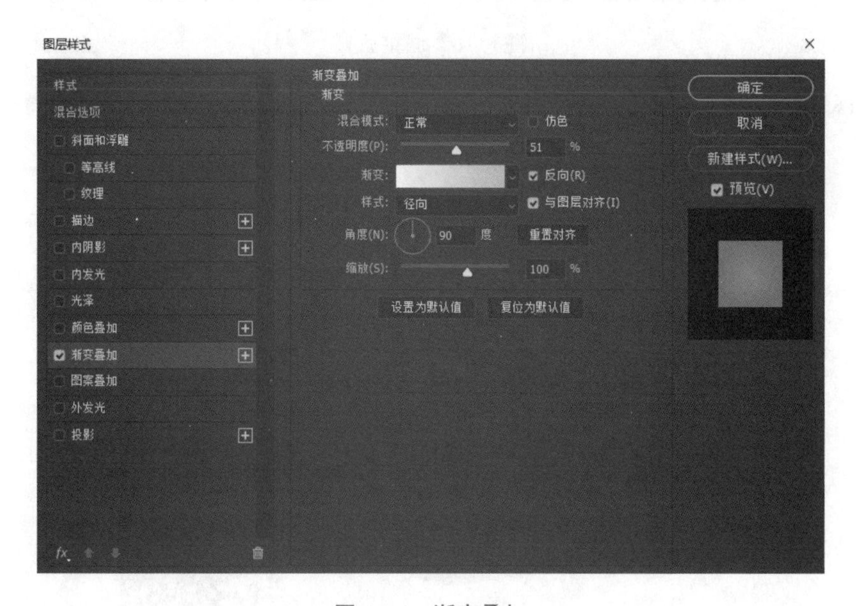

图 6 –4　渐变叠加

（3）选择文字工具，输入文字“道”，字体为“叶根友毛笔行书”，字号为“177 点”，颜色填充为黑色。在该图层上右击，选择“栅格化图层”，选择“直接选择工具”对该文字进行变形操作，如图 6 –5 所示。

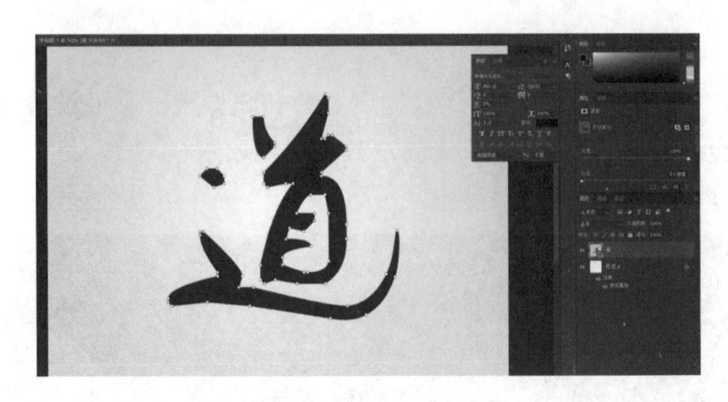

图 6－5　文字栅格化

（4）给“道”图层添加图层蒙版，选择画笔工具，画笔不透明度为 63%，单击“画笔设置”按钮，弹出画笔设置框，如图 6－6 所示。

图 6－6　画笔设置

（5）选择 2279 画笔笔触，进行文字绘制，如图 6－7 所示。

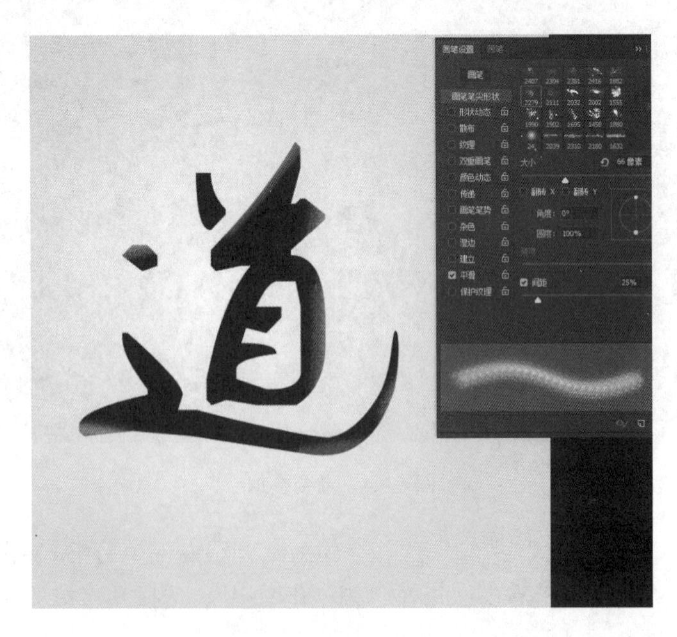

图 6－7　笔触绘制

（6）新建图层1，选择画笔工具，选择2497画笔笔触，设置大小为250像素，不透明度为100%，在合适的位置进行绘制，然后变化角度和笔触大小再进行绘制，如图6－8所示。

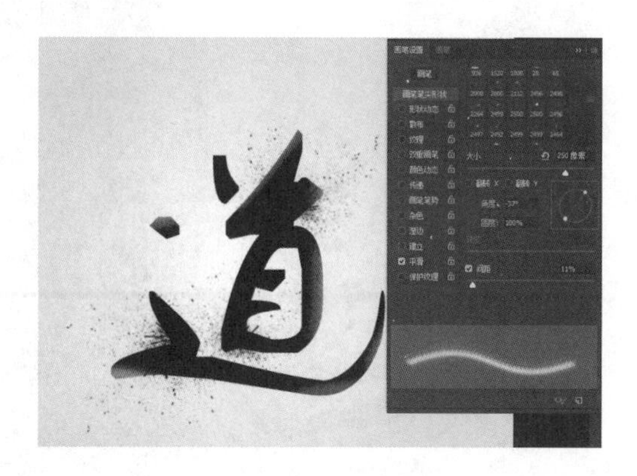

图6－8　画笔设置

（7）选择画笔2498笔触，大小为80像素，进行喷墨效果绘制；画笔大小改成117像素，进行喷墨效果绘制；画笔改成62像素并对画笔角度进行旋转，进行喷墨效果绘制，如图6－9和图6－10所示。

图6－9　笔触设置

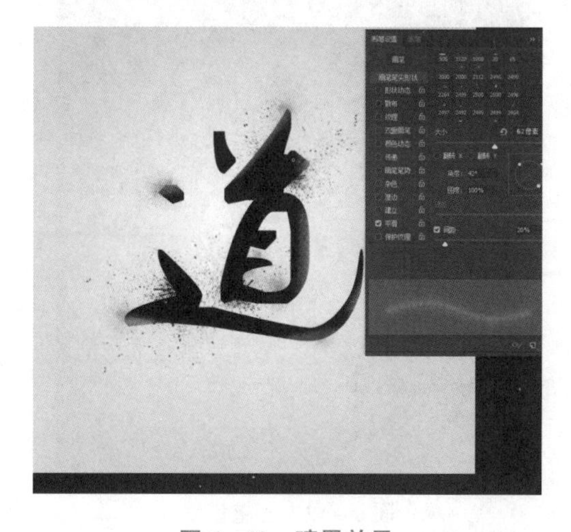

图6－10　喷墨效果

（8）选择画笔笔触 2492，大小设置为 108 像素，进行喷墨效果绘制，如图 6－11 所示。

图 6－11　喷墨绘制

（9）选择画笔 2499 笔触，大小设置为 90 像素，进行喷墨效果绘制，如图 6－12 所示。

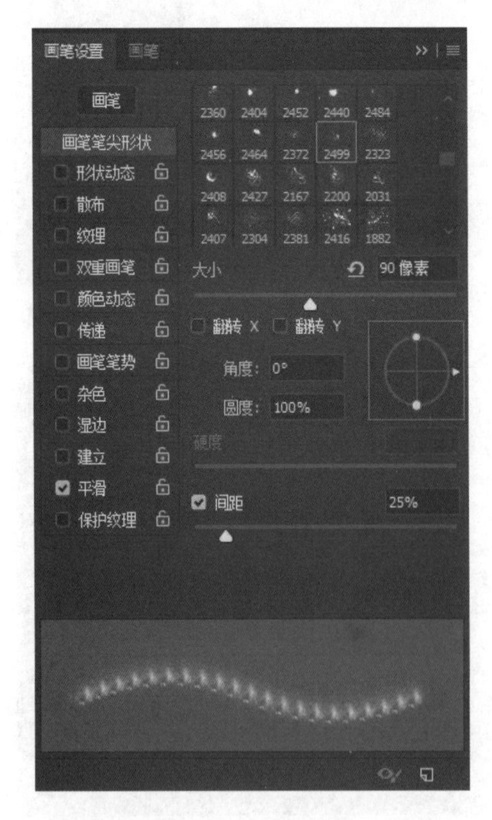

图 6－12　画笔设置

（10）选择画笔 2496 笔触，大小设置为 125 像素，进行喷墨效果绘制，如图 6－13 所示。

（11）选择画笔 2500 笔触，大小设置为 69 像素，进行喷墨效果绘制，如图 6－14 所示。

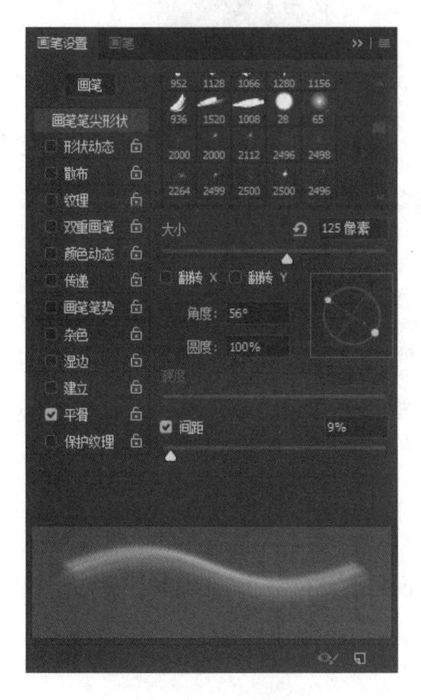

图 6－13　画笔设置

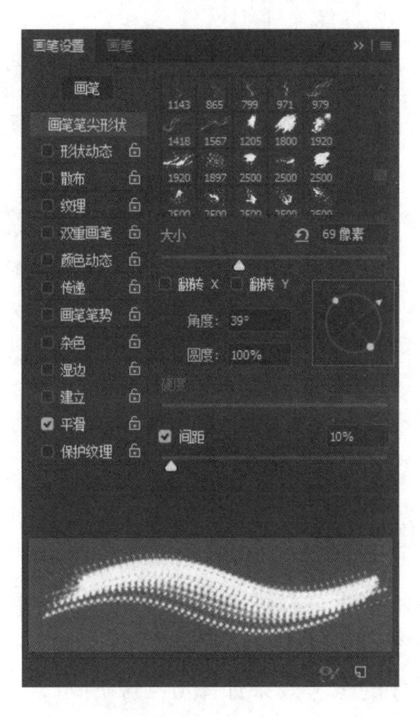

图 6－14　画笔设置

（12）拉入素材，图层样式设置为“正片叠底”，添加图层蒙版。按 Ctrl + T 组合键，使用自由变化命令旋转角度，旋转到合适位置后，使用画笔工具擦除多余背景颜色，如图 6－15 所示。

图 6－15　素材调整

（13）拉入素材，图层样式设置为“正片叠底”，添加图层蒙版。按 Ctrl + T 组合键，使用自由变化命令旋转角度，旋转到合适位置后，使用画笔工具擦除多余背景颜色，如图 6 – 16 所示。

图 6 – 16　素材调整

（14）最终效果如图 6 – 1 所示。

【拓展实训】

选取一个主题，根据主题设计文字。可以提前找好 JPG 或 PSD 素材。

效果参考：

本任务的参考效果如图 6 – 17 所示。

图 6 – 17　拓展效果

制作要点：

根据文字的文化信息及视觉设计的规律，使用画笔及其预设进行整体的设计。

任务二　创意数字

<table>
<tr><th>项目名称</th><th>任务内容</th></tr>
<tr><td>任务讨论</td><td>

文字是视觉传达的媒介，文字能辩善认、可传可达，它承载重任无数。其用于传播信息方便快捷，传递感情隽永含蓄。它引导着我们的消费，满足了人类对精神的崇拜与追求文字创意的动力。本任务中，将以创意数字为例，添加不同特效，使之产生不同效果。最终效果如图 6－18 所示。

图 6－18　最终效果

</td></tr>
<tr><td>知识链接</td><td>

图层样式：可以简单、快捷地制作出各种立体效果、各种质感以及光影效果的图像特效。可以使用图层模式改变图层上图像的效果，如添加阴影、外发光、浮雕等。另外，通过对图层的光线、色相、透明度等参数进行修改可以制作出不同的效果。图层样式面板如图 6－19 所示。

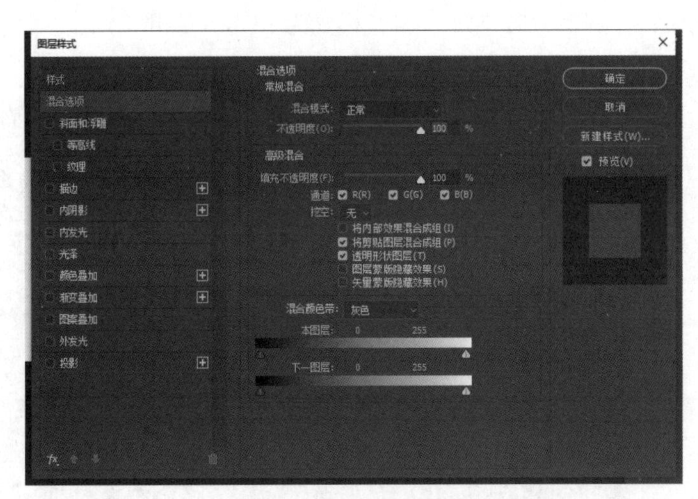

图 6－19　图层样式

</td></tr>
</table>

续表

项目名称	任务内容
任务要求	1. 通过本任务的学习，了解变换工具的重要性。 2. 需注意整体版面排版的严谨度、美观度。
任务实现	按照任务实现的具体操作步骤进行操作。
任务总结	通过完成上述任务，你学到了哪些知识和技能？
拓展实训	示意图及要求见本任务拓展实训栏目。
课堂笔记	

【任务实现】

（1）新建文档（快捷键 Ctrl + N），命名为“创意数字 9”，宽度设置为 600 像素，高度设置为 800 像素，分辨率为 72 像素，颜色模式为 RGB，单击“创建”按钮。如图 6 – 20 所示。

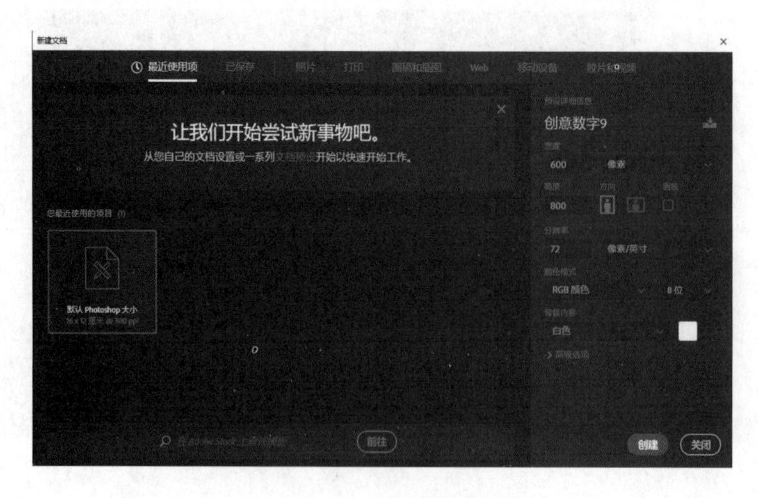

图 6 – 20　新建文档

（2）选择文字工具，输入数字“9”，字体为“黑体”“加粗”，颜色填充为（R：195，G：162，B：219），如图 6－21 所示。

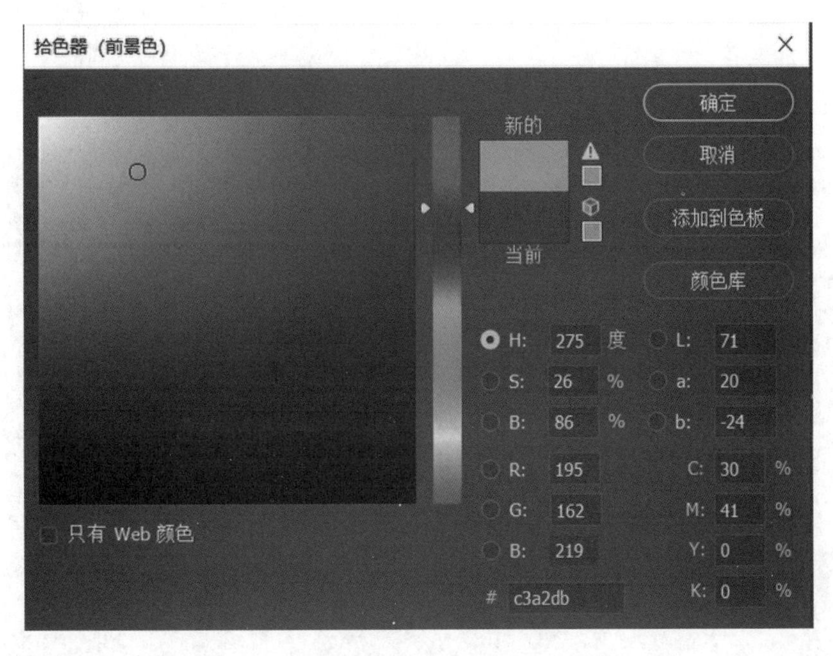

图 6－21　字体设置

（3）新建图层，前景色设置为蓝色，色值为（R：66，G：71，B：140），按 Alt + Delete 组合键，填充前景色，如图 6－22 所示。

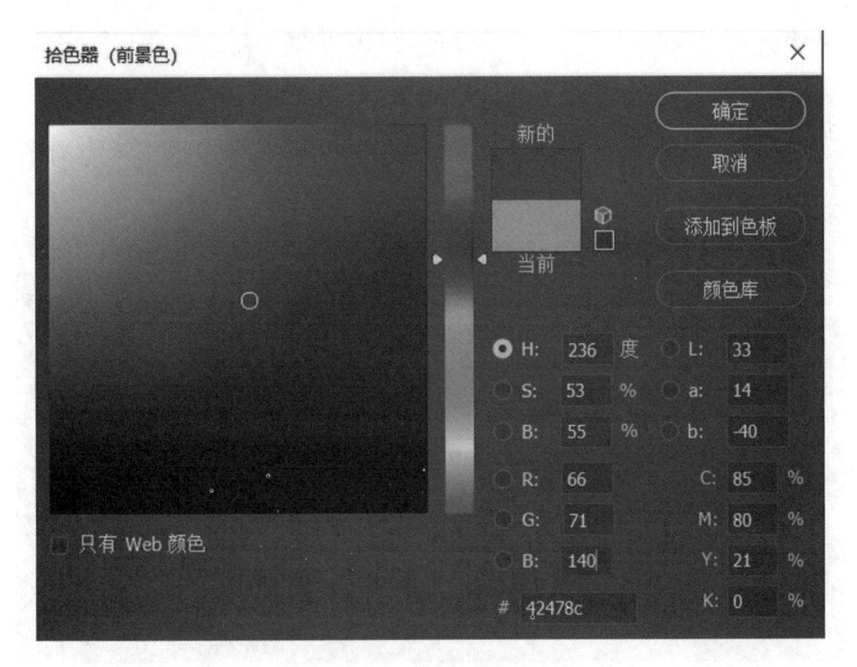

图 6－22　拾色器填充前景色

（4）使用矩形工具，创建一个小长框，颜色设置为（R：245，G：86，B：100），并添加投影，投影参数为：混合模式为“正片叠底”，颜色为（R：154，G：122，B：178），不透明度为“50%”，距离为“8 像素”，大小为“6 像素”。设置完成后，单击“确定”按钮完成投影的设置，如图 6－23 所示。

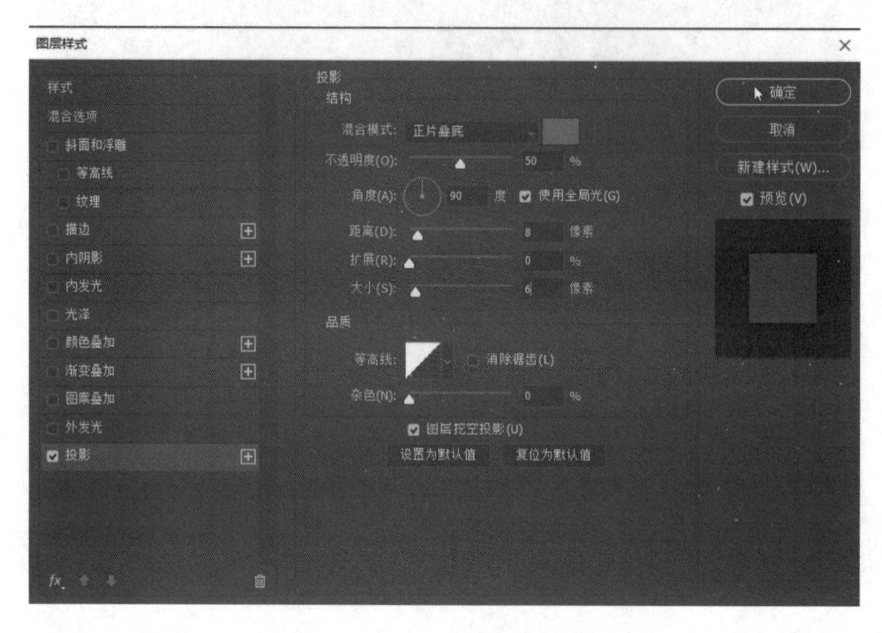

图 6－23　图层样式

（5）选中该图层，同时按住 Alt 键移动，复制一个小长框，重复复制 6 个。使用自由变化工具（Ctrl＋T）选中该图层，按住 Ctrl 键拖动右侧中间的锚点，左右等比例拉长，拉伸到合适的长度后，调整每个矩形的长度到合适的大小，如图 6－24 所示。

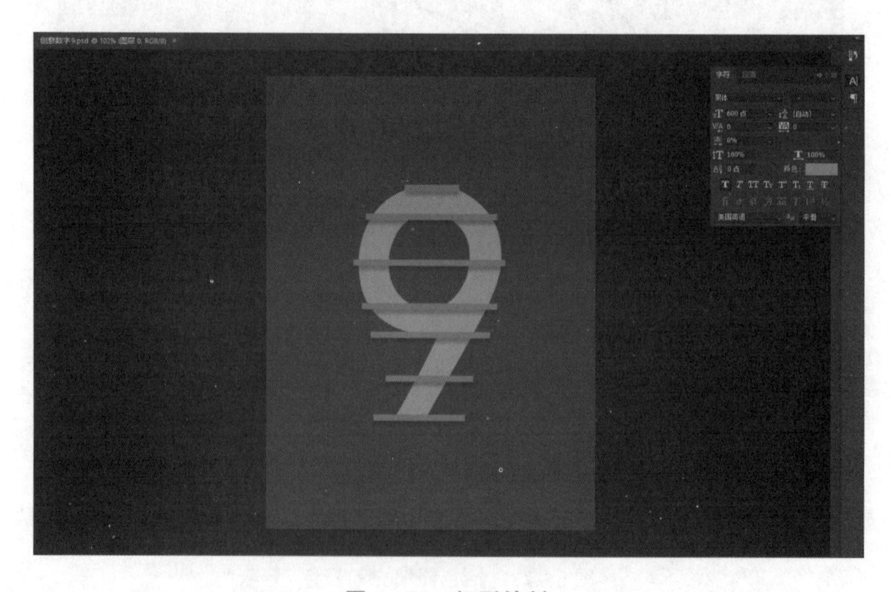

图 6－24　矩形绘制

（6）把制作的红色矩形所有图层选中，单击“创建新组”，命名为“红色线”，如图 6－25 所示。

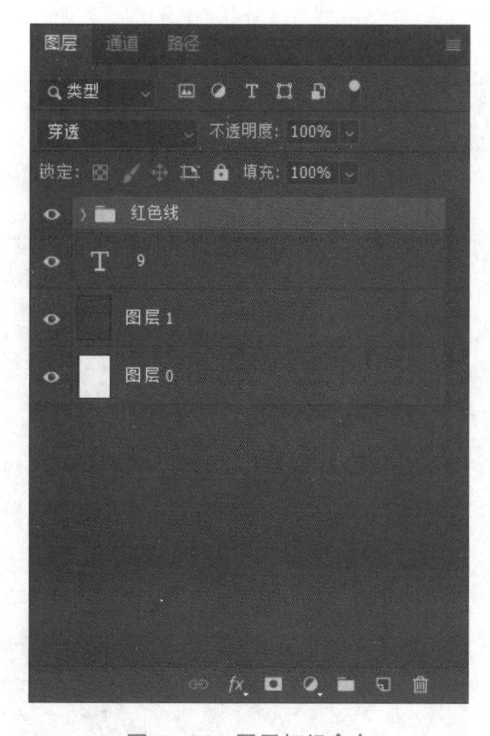

图 6－25　图层打组命名

（7）创建竖向的小矩形，填充为蓝色，色值为（R：52，G：64，B：113），如图 6－26 所示。

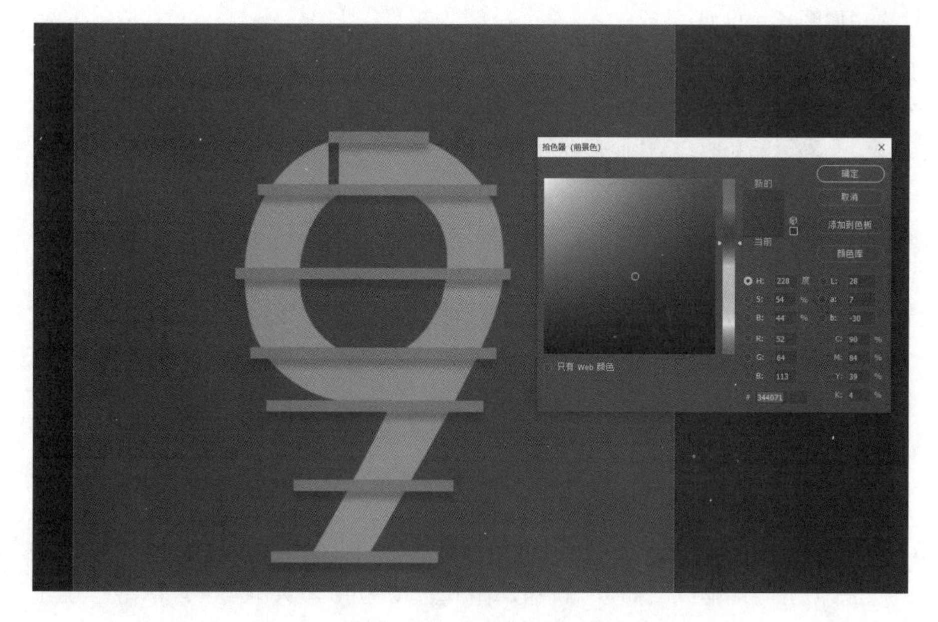

图 6－26　竖向矩形绘制

（8）按住 Alt 键拖动该矩形进行复制，复制多个，利用自由变换工具（Ctrl + T）来进行长短的调整，最后利用移动工具进行位置的调整，调整好之后，选中蓝色小矩形所有图层，单击“创建新组”，命名为“蓝色线”，效果如图 6 – 27 所示。

图 6 – 27　竖向矩形效果

（9）最后把最下边的红色矩形的高度调得高一些，选中该图层，按 Ctrl + T 组合键进行高度的调整，如图 6 – 28 所示。

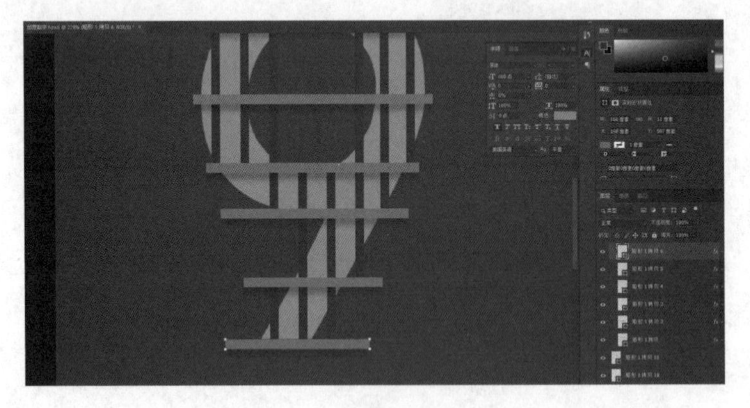

图 6 – 28　细节调整

（10）完成后，单击“文件”→“存储为”，保存类型为“Photoshop（＊.PSD；＊.PDD；＊.PSDT)”，单击“保存”按钮。格式选项为“最大兼容”，单击“确定”按钮，如图 6 – 29 所示。最终效果如图 6 – 18 所示。

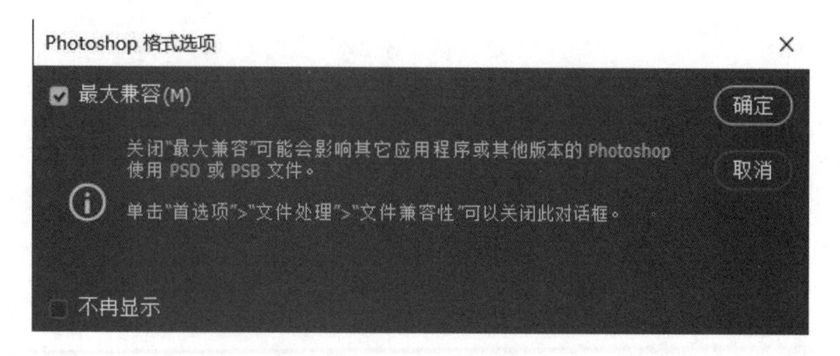

图 6－29　文档保存

【拓展实训】

选取一个主题，根据主题设计文字。设计其页面布局，可以提前找好 JPG 或 PSD 素材。

效果参考：

本任务的参考效果如图 6－30 所示。

图 6－30　拓展效果

制作要点：

根据主题选题，利用文字工具、移动工具、钢笔工具等进行设计。

参 考 文 献

[美] 安德鲁·福克纳（Andrew Faulkner），等. Adobe Photoshop 2021 经典教程（彩色版）（异步图书出品）PS 教程 Adobe 官方出品 [M]. 张海燕，译. 北京：北京人民邮电出版社，2022.